肉身供养

蒋勋 著

中国出版集团
现代出版社

图字：01-2014-3101

图书在版编目（ＣＩＰ）数据

肉身供养 / 蒋勋著． -- 北京 ： 现代出版社，
2014.8
ISBN 978-7-5143-2281-1

Ⅰ．①肉… Ⅱ．①蒋… Ⅲ．①美学—哲学基础 Ⅳ.
①B83-02

中国版本图书馆CIP数据核字（2014）第169294号

本著作物简体版由有鹿文化事业有限公司授权中国大陆地区
（不包括台湾、香港及其它海外地区）出版。

肉身供养

作　　者	蒋　勋
责任编辑	袁　涛
出版发行	现代出版社
地　　址	北京市安定门外安华里 504 号
邮政编码	100011
电　　话	010-64267325　010-64245264（兼传真）
网　　址	www.1980xd.com
电子信箱	xiandai@cnpitc.com.cn
印　　刷	北京画中画印刷有限公司
开　　本	710mm×960mm　1 / 16
印　　张	15.25
版　　次	2014 年 9 月第 1 版　2014 年 9 月第 1 次印刷
书　　号	ISBN 978-7-5143-2281-1
定　　价	49.80 元

自序　肉身，肉身供养

　　巴黎居美美术馆（Musée Guimet）亚洲艺术收藏非常好，是我常去的地方。居美收藏的印度、缅甸、泰国、越南、柬埔寨吴哥窟的艺术品都很精彩，从印度教到佛教，可以清楚看到两千多年信仰流变在亚洲艺术造型美学上的影响。

　　印度教与原始佛教关系密切，也可以说，较晚出现的佛教，大量吸收了原始印度教的信仰，例如印度多神信仰中主管天空（雷电雨）的大神因陀罗（Indra），后来就成为佛教三十三天里的一部。传到中国，原来骑在三头六牙大象背上赤裸肉身的因陀罗，改头换面，穿起了汉族的宽袍大袖，仍然主管他的天界，被译称为"帝释天"。

　　帝释天，《杂阿含经》还译 INDRA 为汉字"因提利"，多次被提到，保有许多原始印度教的特征。但是信仰教义，无论口传或文字纪录，多繁难芜杂，不容易理清。从印度教到佛教，如果从现存的图像造型入手，有时反而是一个简易明了的入门方式。因陀罗的造像在印度本土、吴哥窟、东南亚洲南传佛教，一脉相承，一直传

共同的宗教概念，却因地域差别演变出不同的艺术形式。

菩萨像（约公元六至七世纪）

到东北亚大乘信仰帝释天的造型出现，脉络清楚。来自同一个宗教概念，各地区又依据自己的习俗加入创意，演变出千变万化的艺术形式，在巴黎居美美术馆追索同一宗教原型的演变，会看到图像历史有趣的源流变化。

居美美术馆的二楼有一个空间，陈列今天印度北部、阿富汗、塔吉克一带古代贵霜王国的古佛教造像，有许多件我极喜爱的作品。古贵霜王国在汉唐之际是欧亚文明的交会通道，希腊雕刻与佛教本土信仰结合，形成犍陀罗（Gandhara）形式，再由此一道路北度葱岭，传入中土，影响敦煌等地石窟造像的出现。

单纯从图像直觉来看，很容易发现这些佛教造型与我们原来熟悉的一般东北亚洲的佛菩萨像非常不同。宗教静修，讲求超凡入圣，一般佛教造像多追求精神性灵升华，然而阿富汗一带古佛教造像特别具备人间的气息。佛菩萨多肉身丰腴饱满，面容妩媚曼妙，红唇丰润，唇下一绺须髯，男身又似女相，眸光流转，顾盼生姿，加上彩饰艳丽，仿佛如此耽溺享乐，使人不觉得这是努力要超脱肉身之苦的修行者。

肉身供养

燃灯佛

上个世纪七〇年代开始，我常爱在居美素描这些佛菩萨像，感觉石雕中特别柔软委婉的线条，仿佛可以听到近两千年前这一条欧亚文化道路上肉身修行者婉转的歌声。

因为去的次数多了，就注意到这个地区佛教艺术的某些喜好重复的主题，例如：燃灯佛的故事造像。

燃灯佛被认为是释迦牟尼佛之前的"过去佛"，《本起经》、《大智度论》、《增一阿含经》都提到燃灯佛。

《大智度论》第九卷说燃灯佛名字来源：燃灯佛生时，一切身边如灯。

我常想到的是《金刚经》里大家熟悉的句子："如来于燃灯佛所，有法得阿耨多罗三藐三菩提不？"

佛陀问须菩提的问题让人心中一惊，须菩提回答得也让人一惊："不也，世尊！如我解佛所说义，佛于燃灯佛所，无有法得阿耨多罗三藐三菩提。"

自序　肉身，肉身供养

肉身流转生死途
中，可以传递好几
世以前的记忆吗？

贵霜时期"燃灯授记"像

佛陀很笃定地再次重复说："如是！如是！须菩提！实无有法，如来得阿耨多罗三藐三菩提。"

佛陀仿佛无限感慨地说："若有法如来得阿耨多罗三藐三菩提者，燃灯佛即不与我授记。"

每天清晨诵读，我总觉得这是《金刚经》里重要的一段对话，但始终领悟得不够彻底。

久远劫来，两个生命相遇了，据说，燃灯佛要进城，城门口有一摊污脏的水。燃灯佛一脚正要踩进污水，一修行者即刻伏身下拜，头发布散在污水上，让燃灯佛的脚踏在他的头发上。

居美有好几件石雕重复表现这一故事。有的石雕已很残破，但是看得出来燃灯佛的一只脚，也看得出来恭敬伏身下拜以头发铺地

肉身供养

的修行者。

这修行者因此从燃灯佛"授记"，燃灯佛告诉修行者："汝于来世当得作佛，号释迦牟尼。"

《金刚经》里释迦跟须菩提说的故事，如果依据其他经文旁证，应该是他九十一劫以前的记忆了。

肉身流转生死途中，可以传递好几世以前的记忆吗？那一劫中，肉身曾经匍匐在地上，曾经用一头长发衬垫在污水上，让另一个肉身的脚踏过。那是一次"授记"的经验吗？

清晨诵读《金刚经》，每读到这一段，居美美术馆一次又一次看过、素描过的作品又都浮现面前。

我们的记忆在大脑里，但是，《金刚经》说的"授记"，仿佛是大脑以外肉身无所不在的记忆。

记忆在躯干、在手掌、在脚趾里、在牙龈齿根，在每一丝每一丝头发里。眼、耳、鼻、舌、身，几世几劫，气味、温度、痛痒、声音、甘苦，所有的记忆都还存在，随肉身通过一次又一次的生死，然而记忆竟然还都存在吗？

为什么古代贵霜王国地区如此重复大量制作燃灯佛一脚踩在头发上的图像？为什么《金刚经》反复说那一次"授记"？为什么燃灯佛跟年轻的修行者说：你来世要成佛，号释迦牟尼。然而，九十一劫过去，释迦告诉须菩提，那一次"授记"，他在燃灯佛那里，于法无所得？

我们并没有得到任何领悟吗？伤痛，或者喜悦；生，或者死亡；记忆，或者遗忘。

踏过头发的脚，给年轻修行者的"授记"，只是告知还有九十一劫那样漫长的生死轮转吗？

那一尊我们希望藉他有所领悟的肉身，那一尊我们彷徨无助时仰望膜拜的肉身，他说：在燃灯佛那里，没有得到任何领悟——"如来在燃灯佛所，于法实无所得。"

燃灯佛前，那一次"授记"，一无所得。那么，这肉身带着一世一世的记忆要到哪里去？

肉身记忆

去年六月，重回巴黎居美，站在二楼陈列柜前，看到那几件燃灯佛像，看过、素描过，匆匆已是近四十年过去。隔着玻璃拍照，反光很强，拍不清楚。"授记"或许虚妄，只是我们自己执着吗？

《金刚经》的肉身记忆似乎并不合现代人的逻辑，我们都会读到如来跟须菩提说："如我昔为歌利王割截身体——"

他记得好几世好几劫以前，身体有一次被"节节支解"，一段一段割开斩断，分解成碎片。

他记得的是肉身上的痛吗？

肉身的痛通过一次一次死亡，还留存在筋骨肌肉的记忆里吗？

如果痛的记忆不会随肉身死亡消逝，那么也没有真正的"解脱"了吗？

经文上多说燃灯佛的名字来源于他诞生时大放光明。然而有另一个画面，我记忆深刻。一部纪录片，拍摄密教在川藏一带至今还

心灵的痛，是不是比肉身上的痛更难承担？
贵霜时期"燃灯授记"像

存在的信众燃指供养修行的事件。

纪录片里是两名信徒，发愿步行千里，三步一长拜，徒步跋涉去拉萨大昭寺。行前发愿苦修，便以细绳缠左手无名指指根，血脉阻断，就在指上燃火，以肉身供养，以手指燃灯，以此供养诸佛，以求愿力。

不同宗教，以肉身受苦行心灵救赎，例子很多。

不只原始佛教《本生经》里充满"割肉喂鹰"、"舍身饲虎"的故事，基督教影响全世界的耶稣钉十字架的图像，仍然是以真实肉身受苦来救赎解脱的符号。

要忍住"节节支解"的痛，要忍住荆棘鞭挞的痛，要忍住铁钉穿过掌心的痛，要忍住脚骨碎裂的痛。

小时候阅读《圣经》，总是记得那一时刻，钉子钉过肉体，那个被称为"人子"的肉身曾经痛到对天呼叫。

痛到呼叫，他的肉身，此时是"神"？是"人"？

心灵的痛，是不是比肉身上的痛更难承当。或者，肉身的痛恰好可以转移心灵上的痛吧。

佛教的燃指供佛，与基督教的肉身赎罪，都有可能在试探着肉身承担"痛"的能力吗？

在许许多多的艺术图像里，那些肉身受苦祈求救赎的画面，仿佛都在做着"肉身觉醒"的功课，而在功课未完成之前，还没有结论，众生就用不同的方式供养自己的身体，给基督，给神佛，或者只是自己修行长途中"肉身供养"的必要功课。如同纪录片里看到的两名信众，燃指成灯，肉身在供养里一时一时烧毁，如同蜡炬，油脂成烟，火光闪烁。

St. Sebastian

基督教的"肉身供养"是西方艺术史图像的主流,"ICON"原意是在公元三四世纪形成的宗教"圣像"绘画。然而历经一千多年,通过中世纪,一直到文艺复兴,基督教的"圣像",形成系统庞大的"圣像学"(Iconography)。米开朗基罗贯穿一生的圣母抱耶稣尸体的《圣殇》(Pietà),达·芬奇的《最后的晚餐》(Last Supper)都还是"圣像"的衍义。一直到近现代,西方的艺术形式中还常见从"圣像"创新的作品。毕加索的名作《格尔尼卡》(Guernica)中就有母亲抱着孩子尸体嚎啕的"圣殇"原型。

文化符号的传承演变有时也仿佛肉身一世一世的记忆,可以清楚看到"昔"与"今"的牵连递变。

基督教的肉身供养符号很多,所有封"圣"(Saint)的修行者,都有肉身具体受苦的记忆。有的手中捧着被斩掉的头,有的拿着酷刑支解肉身的锯刀,有的手中提着活活剥下的一张人皮,所有肉身上有过的痛,都成为最荣耀的"供养"。这些酷刑的刑具,像十字架,像锯刀;这些支离破碎血肉模糊的肉身,像一张人皮,一颗头颅，都供养在天国，成为基督信仰最珍贵的"圣物"。

在欧洲旅行，重要的教堂常常珍藏一件圣人肉身遗骸或刑具，如圣彼得的手铐锁链，如耶稣的荆棘冠，如圣玛德莲的一段腿骨。这些"圣物"盛放在珠宝镶嵌的黄金盒中，供在祭坛上。带着传说里不可思议的"法力"，这些"圣物"往往使一个穷乡僻壤的教堂，能够号召信徒千里迢迢来参拜。"圣物"与一座教堂的香火奉献息息相关，因此，也当然常常有很多伪造的赝品。

圣像与圣物崇拜，随着中世纪的传说遍布欧洲。有些"肉身"原来只是一个微不足道的小故事，却逐渐像滚雪球，形成影响力惊人的"肉身供养"符号，最有趣的例子就是圣赛巴斯汀（St. Sebastian）。

圣赛巴斯汀原是罗马帝国军人，百夫长，管一百名士兵，像今天一名连长吧。当时罗马政府禁止基督教，军人职责，必须逮捕虐杀基督徒。圣赛巴斯汀偷偷释放了一些基督徒，背叛政府命令，消息传出，他因此被逮捕，剥去衣服，赤身裸体，绑在柱上，让他属下百名士兵，一人一箭，酷刑施虐，将他射死。

这个原来并没有太大重要性的故事，在中世纪到文艺复兴时代，

文化符号的传承演变，有时也仿佛肉身一世一世的记忆。

维洛那（Liberale da Verona）《圣赛巴斯汀》

肉身供养

被艺术家一再重复制作成画像雕塑，成为欧洲艺术里最大的"圣像学"主流符号。

一个肌肉健壮的年轻军人，赤条条裸体，被捆绑，一支一支射入美丽肉体的箭。

这么简单的肉身图像，为什么会产生如此巨大的影响？

一座一座供奉圣赛巴斯汀的教堂建造起来，一张一张圣赛巴斯汀的画像，一件一件圣赛巴斯汀的雕像，美丽的男子肉身，肉身对抗着箭。肉身受苦，大部分的圣赛巴斯汀图像却面容安静。如此痛，又如此安定，肉身之外，仿佛另有向往，使我想起《金刚经》里被节节支解时的"无我相，无人相，无众生相——"

圣赛巴斯汀被封为"圣"了，因为中世纪鼠疫蔓延，成千上万肉身在病疫中臭烂痛苦死去，圣赛巴斯汀肉身如此完美，他的"圣像"符号又附加了对鼠疫病死亡魂的保护，在受苦脏秽臭烂的尸体前，圣赛巴斯汀以肉身承当一支一支箭的方式供养救赎了众生。

圣赛巴斯汀越来越美，在文艺复兴到巴洛克的十七世纪十八世纪，这一具男子美丽的裸体肉身，肉体上有箭戳伤，眼神无辜，看着人间，宗教圣像仿佛有了更多人世的隐喻。

如果在网络上键入"St. Sebastian"，很轻易可以找到上百上千张图像，都是一个男子裸体被捆绑，身上被箭刺穿，无辜而美丽的造型。

然而圣像已经不再是"圣像"了。

圣赛巴斯汀"封圣"的肉体，回到俗世，隐喻了受苦压抑年轻爱美的男子肉身。

贯穿十九世纪至二十世纪，圣赛巴斯汀的肉身救赎越来越明显与男性的肉身青春眷恋与受苦的记忆连接在一起。伊冈席勒（Egon Schiele）在二十世纪初把自己画成圣赛巴斯汀，宣告青春猝逝的眷恋。最著名的例子是在日本，二十世纪中期，作家三岛由纪夫练健身，肌肉纠结壮美，他赤裸肉身，让箭刺穿，由摄影家筱山纪信拍摄成现代的圣赛巴斯汀。

"酷儿"的书籍杂志在上世纪末出现大量各种装扮的圣赛巴斯汀，男同性恋者的解放运动里，圣赛巴斯汀也再次成为肉身供养的"圣像"符号。

"圣赛巴斯汀"走出神圣，宣告的是青春猝逝的眷恋。

伊冈席勒《自画像》

自序　肉身，肉身供养

圣赛巴斯汀的故事还没有结束，网站里很容易看到女性也已经藉此肉身符号还魂，在女性裸体上装了箭，要破解这一符号男性的霸道专利。

圣赛巴斯汀的"肉身供养"也越来越失去原有的悲壮美学意涵，回到人间，有了更多俗世的滑稽谐谑。

让人不痛苦，莞尔一笑，"肉身供养"的故事，或许就有更温暖的人世情谊吧。

真崎航

今年五月下旬，手机里忽然传来一个久未联络的学生的简讯。寥寥数语，说到日本 GV 男优真崎航死了。附注说，因为男优要有完美裸体，航君急性盲肠炎，不愿开刀留下疤痕，延误诊治，引发腹膜炎败血症猝逝。

听起来像是日本美学死亡的典型，这个学生应该跟我读过芥川龙之介的《地狱变》、三岛由纪夫的《金阁寺》，也看过三岛亲身演出的"切腹"吧。然而给他真正震撼的却是男优真崎航的死亡。

日本文学经典里"肉身供养"的美学传统不乏先例。

"肉身供养"在宗教或美学的领域容易被悲壮化，但是，作为文字的书写者或图像的绘画者，"肉身"的最终价值，如果不能付诸行动，只是重复又重复地喃喃自语，所有虚夸的"悲壮"，久而久之，终究会变得可笑做作吧。

三岛由纪夫最动人的"作品"，或许并不是那些文字书写，而是他最后一天（一九七〇年十一月二十五日上午十一点）的"肉身"书写吧。他脱去衣服，赤裸肉身——那经过重量训练细心锻炼出来的完美男性肉体，在大众前"创作"了他的切腹。

我看过他文学里的"切腹"，电影里的"切腹"，最后看到他真实肉身的"切腹"。看到他用利刃戳进腹肚，利刃像写庄严的楷书，左、右、上、下画出十字，横平竖直，鲜血溅进，完成他真实的"肉身供养"，让同伴斩下头颅。

"肉身供养"最终或许必然是一种行动吧，不断在文字图绘上喋喋不休，会不会是自己"肉身"最大的嘲讽？

　　　　　　　　　　　　　　　自序　肉身，肉身供养

所以我一直未曾看过的男优真崎航君，也是在做他的"肉身供养"吗？

他的"肉身供养"，成为影片，在二十一世纪的第一个十年，也如同圣赛巴斯汀，使我的学生，或喘息悸动于欲望的众多肉身者，在私密的空间里得到真实的纾解救赎吧。

芥川龙之介写过《南京的基督》，大意叙述一名得梅毒的南京娼妓，在与外国人性交易时常常幻想着基督的附身。

那小说使我认真思考起娼妓的"肉身供养"，像传说里的"马郎妇观音"，用她的真实肉身一次一次济度无数无量众生。

每一个社会鄙夷咒骂践踏的娼妓，在许多的文学里都成为承担肉身最大救赎的供养者。托尔斯泰《复活》里的娼妓，左拉《娜娜》里的娼妓，芥川笔下的娼妓，沈从文小说里的娼妓，伟大的书写者很早看到"娼妓"是如此真实的"肉身供养"者。

真崎航的故事让我重新思维了"肉身供养"的另一个方向。

真崎航死后，六月吧，有缘跟一个科技业的年轻人聊起来，他二十九岁，T 大毕业，白领阶级，斯文俊秀，他忽然说：我跟真崎航同岁。

我有点讶异，我们这一代，大概很少人会习惯说自己跟某某"娼妓"同岁吧。

这年轻人接着说：他最大的志愿是到日本做 GV 男优。很努力学日文，考了三次，考上了，但是还不敢真正去拍摄。

我没有说什么，我在想：中学时总是有作文题目叫"我的志愿"。然而那一时代，志愿多是飞行员、律师、医生。我想，大概不会有一个学生的志愿是"娼妓"吧。那一时代，也还没有人想到有一个行业叫做"男优"。

这年轻人有点感喟地说：如果去拍摄了，就会跟真崎航做爱。

好像从真崎航的肉身"授记"，这个年轻人，也在努力做自己"肉身供养"的功课吗？

这一册《肉身供养》，是二〇一二年在《壹周刊》连载的二十九篇专栏。因为夹在许多肉身裸体的图片之中，也特别让我思考肉身存在的种种欲望。"是身如焰，从渴爱生。"《维摩经》的句子常让我震动。肉身像炽热燃烧的火焰，如此渴望着爱。如果不轻蔑地对待肉身种种欲望的难堪卑微，是否可以认真向每一尊存在的肉身合十敬拜？也许肉身种种都有我不知道的艰难。

华人儒家的传统，把心灵精神放得太高，长时间避讳谈肉身欲望，或许反而形成了社会里如此热切耽溺于肉身隐私的偷窥。肉体的文身刺青、肉体的解放、青年人的轰趴、淫交、性欲底层的悸动挑逗、娼妓文化的蔓延、网络援交，一夜性交易的普遍、情色影片逐渐成为台湾文化一部分——都在这一系列的专栏里，让我认真不含偏见地思考书写起来，也许只是我自己补做的肉身功课，也可能是大量《壹周刊》读者共同想认识的另一种肉身探讨的方式吧？！

二〇一三年九月二十八日秋分后五日 蒋勋 于八里

目 录

美女

两万多年的岁月过去，肉体上的骚乱沉淀了，变得极为安静、庄严，充满人的尊严，充满女性的自信。

在人类文明的漫长时间里，"图像"发生的作用，往往大过"文字"。

文字的历史很短，只有五千年上下，"图像"可以追溯到数万年前。

"图像"是抹灭不掉的具体符号，留在历史上，见证每一个时代最大多数人心里共同有过的梦想、渴望。

两万五千年前，今天奥地利威廉朵夫地区（Willendorf）当地初民，用一块石灰岩雕出了一个裸体的女人像，大乳房，大屁股，丰满壮硕。

我在博物馆里凝视这件只有十一公分高的女性裸体，很久很久。

两万五千年前，石器时代，还没有文字，也没有青铜，手中的工具也是石头。

天荒地老，一个人蹲在旷野里，呆呆看着一块石头。

看久了，他觉得那没有生命的石头里好像有一个人。一个他很熟悉的人，一个他心里念念不忘的人——大屁股，大乳房，肚腹饱满柔软，结结实实的大腿，大腿之间微微突出的女阴，像一朵盛放的花。

　　这一定是两万五千年前大部分人心里的"美女"吧，他看着石头，朝思暮想，那人形的轮廓，从朦胧模糊变得越来越清晰，他的欲望也越来越强烈，他决定要把那石头里的"美女"叫出来了。

　　要有多么大的渴望，才能把梦想里的女人呼唤出来？

　　他拿起另外一块石头，开始敲打，石灰岩不是很坚硬的石材，敲打以后，慢慢就会突显出形象。

　　女人的头低垂着，像是在欣赏自己硕大饱满的乳房。

　　她两只手放在乳房上，对自己拥有这样巨大饱含乳汁的乳房，充满了得意自信。

　　这一对乳房是经过琢磨的，初初敲打的石块，原来粗糙尖锐，疙里疙瘩，摸起来不舒服。

肉身最早的觉醒，只是对生命繁衍意义的认同。

《威廉朵夫维纳斯》

美女

他记忆中，那一对乳房，不只是形状，还有肉体的香味，有许多触摸过的快乐。

乳房的柔软、细腻、温度、充满乳汁的重量感，都在雕刻者的心里，他忘不掉那一次一次抚摸或吸吮乳房时愉悦的记忆。

他要把那些停留在手掌、口腔、鼻孔中圆润、饱满、芳香的感觉，全部复制在一块石头上。

尖锐被磨平磨细，粗糙变得光滑圆润，记忆里忘不掉的女人的肉体，一点一点，被反复"抚摸"。

于是他一次又一次"琢""磨"。

他陶醉沉溺在记忆里，"爱抚"一个女性肉体的所有记忆，变成了细细"爱抚"一块石头。

他要把所有女性肉体美好温暖的记忆都记录在这一块石头上。

现在收藏在维也纳自然史博物馆的这件女性裸体雕像，因为在威廉朵夫地区发现，被称为"威廉朵夫维纳斯"（Venus of

Willendorf），是人类文明史上最早的裸体美女。

"维纳斯"是希腊的美丽女神，西方后来把艺术史上女性裸体都泛称为"维纳斯"。

我曾经拿这"维纳斯"给一个爱看女性裸体、大量收藏"美女"裸体图片的朋友看，我说："给你看一个美女裸体。"

他看了大吃一惊，"哇"了一声说："肥肥呢——"

我笑着说："两万年前的美女。"

他瞠目结舌，怀疑我在骗他。他的表情，使我知道两万年前的"美女"今天可能不"美"了。

从小学开始，早熟的男生就常在书包里藏着裸体美女的照片。到了中学，更为严重。如果一班都是男生，一张美女裸体图片在教室轰传，雄性动物发育的骚味就浓浓弥漫在教室的空气中，像一场世界大战。

人类其实没有离动物太远，动物在固定的季节发情，人类二十四小时都可能随处随地发情。动物有骚味，人的肉体也有骚味。骚味太原始，诱惑性太直接，有时候就添加一些香精、香水、古龙水，稍稍掩盖，表示一种异于动物的人类文明。

其实"骚味"是一种生命力，原始世界的动物、植物都气味强烈。没有气味（不骚）无法有性的诱惑，也无法完成生殖。

夏天的夜晚，夜来香的气味、玉兰花的气味、月桃花的气味、野姜花的气味，一阵一阵传来，浓郁强烈，骚动不安。

生命的性与繁殖，可以让空气都骚乱起来。

《威廉朵夫维纳斯》是人类最早性与繁殖的女性肉体符号。

两万多年的岁月过去，肉体上的骚乱沉淀了，变得极为安静、庄严，充满人的尊严，充满女性的自信。

这样丰厚的肉体，这样结实有力的大腿，这样宽广富裕的肚腹，这样饱满的臀部与乳房，可以受孕、怀胎，可以有最健康稳定的子宫承担胎儿，可以有宽厚的肩膀胸膛护佑婴儿，有源源不断的乳汁喂养刚出生的婴儿——这就是"美"。

肉身供养

两万年前，在旷野中，与野兽搏斗，与风雨搏斗，茹毛饮血，与不同的雄性交配，交配后，雄性走了，女性必须单独承当受孕、怀胎、生产、哺乳——所有生命成长的责任，这个女性身体的"美"被记忆了。

每一个曾经匍匐在这样宽厚身体上的孩子，每一个曾经双手环抱着这样身体吸吮乳汁的孩子，成长以后，都不会忘记挥之不去的气味、体温、宽阔如大地的肉体。

长大以后，在一块石头上反复琢磨，他要找回那个记忆。

我的朋友墙上贴的"名模"图片，都很瘦，细腰、窄屁股、竹杆腿，两万年前，肯定是旷野大地里活不下去的女人，不美，也不会有人纪念歌颂。

我跟朋友说："这维纳斯送给你。"

他拒绝了，"不要，太像我妈了。"

地母

没有手指细节，却感觉得到手指这么纤细，这么温柔，在农业文明里长时间揉捏一团湿润的泥土的手，手像花瓣，一片一片打开绽放。

两万年前，因为是母系社会，女性负责生育、繁殖、喂养子嗣的责任，所以，女性的肉体都丰满壮硕，大乳房、大臀部、大肚腹，骨盆特别宽大，成为那一时代女性"美"的标准。

奥地利自然史博物馆收藏的著名《威廉朵夫维纳斯》女性裸体雕像，就是最具代表性的例子。

这一类丰满壮硕的女性裸体也常常被冠上"大地之母"的称呼。母亲的身体，必须像大地——宽广、厚实、包容，可以承当一切困难，可以滋养繁荣万物。

上古时代留下的"地母"造型，也就是那一时代人类对性、生育、繁殖，对生命最原始的崇拜吧。

上古时代的考古已经发现许多"地母"造型的雕塑。大概距离今天一万年左右，亚洲东端蒙古地区的红山文化，和亚洲西端美索不达米亚地区也都已经有"地母"裸体女像出土。

我特别喜欢美索不达米亚一件泥土捏塑的"地母"女性裸体。

最早的"地母"像是石雕的，用石头打砸、切割、琢磨，制作出一个女性裸体。

美索不达米亚的"地母"材料不同，是用"泥土"捏塑出来的。

"雕"与"塑"不同。"雕"是在石头上去除不要的部分，手段比较直接。

"塑"则是用手慢慢揉捏一团泥土，像揉面一样。"塑"的动作里似乎有更多手指细腻温柔的触感。

"塑"的过程，很像是对泥土的"爱抚"。

最近的一万年，人类从游牧狩猎改变成农耕。农业的"时间"缓慢了下来，人类的手，对泥土更多亲近，更多熟悉。

美索不达米亚，Mesopotamia，希腊人古代称为"两河之间"。

幼发拉底河，底格里斯河，两条大河之间的肥沃土地，成为古

　　　　　　　　　　　　　　　　　　　　肉身供养

"大地之母"——宽广、厚实、包容，可以承当一切困难，滋养繁荣万物。

红山文化"地母"像

　　　　　　　　　　　　　　　　　　　　　　地母

文明最早的农业富饶之地，出土了陶罐，出土了代表"富饶"的"地母"。

大河岸边，泥土渗水，土变柔软，把种子放进土里，像是受精卵在温暖湿润的女体着床。

美索不达米亚的河边居民，看潮汐涨退，看潮水一波一波滋润两岸土地，把种子放进柔软土中，等待种子抽芽，一直到谷类结穗，可以收获。农业与狩猎不同，狩猎必须移动，农业要守候土地，是漫长的等待。

在漫长等待中，坐在河岸边的初民，用手去捏塑湿润柔软的泥土，捏塑成一个中空的容器，等待泥土风干，把容器放到太阳下晒，把容器放到火里去烧，烧成一个陶碗，大概距离今天一万年左右，许多地区开始制作陶器了。

陶器里包括一个美丽的"地母"裸体女性塑像。

宽厚的肩膊，仍然是可以承当一切、包容一切的身体。

仍然是饱满的乳房，是结实粗壮有力的大腿，拥有"地母"的

她的手指轻触肉身，仿佛对自己的肉身无限珍惜，也无限自豪。

美索不达米亚《裸妇小坐像》（约公元前六千年）

地母

标准特征。

这件两河流域出土的"地母"，现在收存在巴黎卢浮宫，标志着一万年前农耕文明时代女性最美的裸体。

这件泥土塑像很让人迷恋的是她环绕在胸前的双手。

肩膀和上手臂很粗壮厚实，是可以护佑儿女的有力手臂。但是到手肘以下，逐渐变成温婉细致了，双手握在乳房之间。没有做出手指细节，但是感觉得到手指这么纤细，这么温柔，这是石器时代没有的手的动作，这是在农业文明里长时间揉捏一团湿润的泥土的手，手像花瓣，可以一片一片打开绽放了。

十八世纪前后，许多法国考古学者在两河流域挖掘古文明的遗址，找到一万年前最初农耕文明的文物。

考古学者行走在废墟间，感觉到一万年前两条大河之间这一片土地的肥沃美丽。他们站在高处，俯瞰两条大河若即若离，环绕成一个"月弯"（crescent fertile）的形状。我的法国老师爱开玩笑，觉得两条河之间这片如新月一般弯弯的沃土，很像他们早餐时

　　　　　　　　　　　　　　　　　　肉身供养

吃的牛角形"可颂"面包，他就把这一片上古史的遗址谑称为"肥沃的可颂"（Coissant Fertile）。

像明净天空一弯升起的新月，像一口咬下去带着奶香温热的可颂面包。走在荒烟蔓草的遗址废墟间，考古学者看到一片陶，看到一颗泥土捏的陶珠，陶珠中间穿了孔，当年或许是爱美的女子戴在颈项上的饰品吧。考古学者忽然像是诗人，想去书写那个大河潮汐涨退的时代，想去书写河岸边丰美的水草，想去书写在掌心反复揉着湿润泥土的女子温暖细致的手。

中国的上古神话有"女娲"，她的时代更早，还没有完全修行为人。"女娲"上半身是女人，下半身是蛇。蛇尾跟一个男人紧紧交缠，那个男人叫"伏羲"，也是半人半蛇。上半身是人了，下半身还要靠动物的本能交配繁殖。

"女娲"是神话里造人的始祖，她造人的材料就是泥土。她捏一个人，给了生命，又捏一个，给了生命，像是母鸡生蛋一样。后来她烦了，觉得太慢，就用绳子抟土，一次出产很多的人，制造越来越快，据说，因为量产，人的品质也没有先前那么好了。

女娲还做了一件重要的事，就是男人自古爱打仗斗殴，两个男人打架，撞断了支撑天的一根柱子。西北边的天穹破了大洞，像屋子漏雨透风，女娲就搜集了各种彩色的石头，在大锅里熬煮，煮成岩浆，像油画颜料一样，一层一层涂，把破洞给补起来。

　　所以一直到现在，每一个黄昏傍晚，西北边的天空都有彩色斑斓的霞彩，就是女娲补的天。

　　我总觉得两河流域出土的"地母"就是女娲，她造完了人，补完了天，双手握在胸前，很满足地坐着欣赏她所创造的一切。

肉身供养

女娲

女娲用五色石头融化了来补天，那些黄昏的霞彩，使我想到娲皇庙前一拜，不知她还认不认得遗落在大荒中的一块顽石。

基督教的圣母玛利亚、佛教的摩耶夫人、在东亚演变出来的观世音菩萨，如同台湾信奉的妈祖，都是人类共同"母亲"的角色。人类在儿童时期开始，恐慌害怕的时候，一定想到母亲的护佑，立刻躲进母亲怀里。即使是长大了，遇到灾难，遇到痛苦，在大恐惧中，也常常还是会忍不住叫喊"妈啊！"

"母亲"因此成为人类信仰里最基本共同的崇拜对象，崇拜一种安静祥和的包容、一种无私的爱与庇护、一种无所不在的保护的力量，一种消除化解苦痛灾难的祝福。

中国传统的"母亲神"，应该就是女娲。

最近看到山西的考古报告，在古老的"娲皇庙"发现了数千年前的文物，我看到的资讯还不完整，好像谈到"女娲娘娘"庙有从战国以降的历代祭祀遗物，甚至出土了碳十四测定时间为六千年前的人类遗骨。新闻标题很耸动地说——考古发现女娲遗骨。

女娲一直是神话传说里的女神，一旦考古上宣称发现女娲遗骨，女娲就不再只是传说神话，而是有根据的"历史"了。

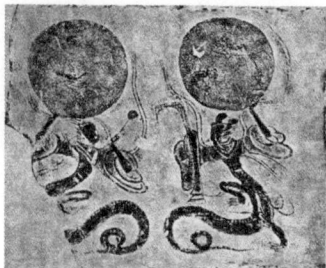

四川出土的汉代画像砖

山西的娲皇庙如果确实发现了六千年前的人类遗骨，又有长达上千年的后来历代的祭祀，或许对中国"母亲神"的传统崇拜信仰会有进一步具体有趣的探索。

从图像的历史来看，女娲一直在各种造型美术中出现。

大家最熟悉的就是汉代画像砖中的女娲，一个女人，上半身是人，下半身是蛇，手中拿着一个分岔的工具，像一把剪刀，就是我们今天还用来画圆形的"圆规"。

美术历史中，女娲很少单独存在，她总是和一个男性一起出现，男人叫伏羲，也是上半身是人下半身是蛇。伏羲手里也拿了一件 L 型的工具，是用来画方形的"矩尺"。

所以女娲是女性，是圆形的"规"，伏羲是男性，是方形的"矩"。

古代初民相信"天圆地方"，女娲伏羲结合，也就像开天辟地，天地有了"规矩"。

我们现代口语中还常说的"规矩"，其实也就是画圆画方的两

肉身供养

个工具，没有"规""矩"无以成方圆，女娲伏羲是宇宙创世的大神，他们是夫妻，也是人类始祖。他们总是以配偶关系出现，也很像基督教信仰里的亚当与夏娃。只是亚当夏娃是完整的人，女娲伏羲则是半人半蛇，还没有摆脱动物图腾的符号。我看过更具美术性的伏羲女娲像是新疆阿斯塔纳出土的唐代绢帛挂轴。

挂轴很长，背景有云纹，有代表太阳的金乌和代表月亮的蟾蜍（有时是玉兔），也有北斗七星和其他天象的内容。女娲伏羲浮在空中，分别穿着唐代的男女服装，伏羲头戴官帽，女娲梳高髻，身上还有唐代仕女常用的披帛，已经是当时贵妇打扮，不再是初民女娲粗犷原始的造型。女娲伏羲从远古石器时代一路传说下来，造型也随时代递变，但是手中所拿的"规""矩"却一直没有改变。人类从文明开始就在使用的两个工具，一直到今天，现代人的世界依然离不开"规"与"矩"，这两个在我们日常口语中常用到的词汇，历久而弥新，一直拿在远古始祖神手中，或许是值得深思的隐喻吧。

在唐代女娲伏羲画像中还值得讨论的是他们人面蛇身的造型。

上古因为部落图腾信仰的遗留，都有半人半兽的造型，像古埃及的狮身人面，希腊神话中的人马兽，半人半羊的牧神，乃至今日影响广大起源自美索不达米亚的星座里的"人马座"、"摩羯座"，印度神话里象头人身的象头神（Ganesha），或鸟头人身的迦楼罗（Garuda），都保留了图腾文化的动物崇拜，把人与动物组合在一起，或是复合几种不同动物，如传说里的"麒麟"、"龙"、"凤"。

但是一直晚到唐代，在新疆丝路上还有人首蛇身的图腾遗留是比较特殊的。不但下半身是蛇，而且，伏羲的条纹蛇

人首蛇身的图腾文化，强调生殖，强调女娲为创造之始。
新疆阿斯塔纳出土的唐代绢帛挂轴

肉身供养

尾与女娲的单色蛇尾紧紧交缠，也明显暗示着男女雌雄性的交配，始祖神的图像还是在强调生殖，强调繁衍生命的伟大庄严吧。

因此，女娲也还是具备始祖地母神的性格，是创造之始，古书也一直认为女娲是创造人类的始祖。中国后来受儒家影响，对肉体，对性，都有忌讳，女娲的身体陆续被衣服遮盖，失去了原始性，比起红山文化出土的地母神全裸的丰满肉体，唐代绘画里的女娲是显得太优雅文明了，看起来也不像是会生很多孩子的母性身体。

女娲是《红楼梦》一开始就提到的神话故事，在远古之初，两位男神爱打架，撞断了天柱，天穹破了一个大洞，像屋子漏雨，民不堪其苦，女娲心生悲悯，就采集了五色石头，用大火烧熔，用熔为液体的石浆把洞补好。这就是民间传说的"炼石补天"的故事。

《红楼梦》的作者说女娲炼石补天一共采集了三万六千五百零一块石头，三万六千五百块都拿去补天了，单单剩下一块没有用，丢掷在大荒之中，这块"无用"的石头自怨自叹，没有补天之材，日久修炼，化成了人形，到人间经历繁华，投胎凡尘，就是贾宝玉

清初萧云从《女娲图》

的肉身。

故事要说到如神话天马行空，女娲的远古传说在《红楼梦》这样好看的小说里就再一次复活，充满现代生命力。

我也喜欢女娲补天的另一个版本，因为女娲用五色石头融化了来补天，彩色熔岩一层一层补上，像画油画一样，原来破洞的西边的天空，被彩色填补，因此每到傍晚，我们就会在西天上看到漫天灿烂的彩霞，纷红姹紫金黄，使人忍不住停下来看，看到了女娲补的天空。

因为那些黄昏的霞彩，使我想到娲皇庙前一拜。不知她还认不认得遗落在大荒中的一块顽石。

肉身供养

夏娃

希伯来《旧约圣经》里记录的第一个女性是夏娃。

她的故事在男性主宰历史（his-tory）以后发生，已经没有像早期上古人类的"地母"那样自信神气了。

《旧约圣经》里，夏娃比较像是一个附属的角色。因为神先造了男人，觉得男人孤单，才再从男人身上抽一根肋骨，创造了夏娃。

故事要从《旧约·创世纪》第一章谈起。

耶和华在《创世纪》第一章里创造了光和黑暗，创造了水和空气，创造了陆地和草木，创造了日月，陆续在第五天又创造了飞禽、走兽、昆虫，到了第六天，宇宙万物齐备，神说：

"我们要照着我们的形象、按着我们的样式造人。"

"神就照着自己的形象造人，乃是照着他的形象造男造女。"

这是希伯来文明对人类产生的解释，"人类"是"神"的复制。

耶和华创造完了男女，就赐福给他们，又对他们说："要生养众多，遍满地面。"

看到这一段，觉得耶和华是很开明的神，很爱护他所创造的男女，很鼓励这些男女多多生孩子，孩子要多到"遍满地面"。

但是，我中学时读《圣经》，就觉得《旧约》里的造物主耶和华似乎是一个非常善变的神。

如果你看完《创世纪》第一章，紧接着看第二章，故事就变了。

《创世纪》第二章第七节关于创造人的故事原文是如此说的：

"耶和华神用地上的尘土造人，将生气吹在他鼻孔里，他就成了有灵的活人，名叫亚当。"

这段叙述和第一章不同，第一章说"创造了男女"，第二章却只是创造一个男人亚当。

耶和华神很爱亚当，为亚当建了伊甸园，伊甸园流出四道河，第三道是底格里斯河，第四道是幼发拉底河（看来伊甸园的确是在古文明的两河流域）。

亚当在伊甸园负责看守修理树木，神还特别告诫他，园中果子都可以吃，只是"善恶树"上的果子不要碰。神说得严重："你吃的日子必定死！"

亚当很听话，就没有碰神告诫的"禁果"。

《旧约》里的耶和华神也像我中学时的学校教官，规定很多诫律，不准学生违反，但常常偷窥，仿佛又希望学生犯规，被他一下抓到。

学生一段时间不犯规，教官好像就有一点无用武之地，脸上流露出怅然落寞神情。

亚当在伊甸园中生活了一段时间，没有犯规，神又动念，要替亚当创造一个"配偶"。

耶和华说："那人独居不好，我要为他造一个配偶帮助他。"

从《创世纪》第二章来看，女人的出现只是为了陪伴帮助男人，所以叫"配偶"，她一开始在"男神"和"男人"之间就没有主体地位。

《旧约·创世纪》创造夏娃的一段写得很魔幻，一点不输给《封神榜》一类魔幻灵异神怪的小说。

"神使他（亚当）沉睡，他就睡了。于是取下他的一条肋骨，又把肉合起来。"

我中学读这一段，刚好母亲在厨房做去骨粉蒸肋排，用尖刀去骨，剖开里肌，取出肋骨，内外涂抹填塞作料。

晚餐时一直想到夏娃，不敢动筷子。

十八世纪欧洲女人，为了有十七吋细腰，动手术整形，拿掉最下端两条肋骨，再缝合起来。我在人类学博物馆看到 X 光片，一条一条肋排，下面明显截断，我又想到了夏娃。

耶和华就是用这一条肋骨"造成一个女人"（《创世纪》2—22）。

　　　　　　　　　　　　　　　　　　　肉身供养

成为亚当"配偶"的夏娃，反映出母系自主的威权不再。

波希 (Hieronymus Bosh)《末世审判》(The Last Judgement) 局部

夏娃

耶和华把这肋骨造的女人介绍给亚当，亚当说了一段话：

"这是我骨中的骨，肉中的肉。可以称她为'女人'。"

《旧约》传诵书写的年代农业文明已经发展了很长一段时间。人与土地的关系稳定，有固定一夫一妻的婚姻制度，有家庭组织，"男"是"田"里的劳动"力"，靠着体力，主宰了经济生产，主宰劳动，握有权力，女人逐渐成为附属的"配偶"，不再有游牧时代母系自主的威权，母系社会转变为父系威权。

希伯来《旧约圣经》处处可以看到"耶和华"所象征的父性绝对权威。

父性权威只能遵从，父性的语言也都是命令式的语言，父性的命令是不能被怀疑的，耶和华神说："善恶树上的果子不能碰！"亚当遵守了，也从没有动过念头质问神："为什么不能碰？"

《旧约圣经》的"神"还是让我想到中学时最厌恨学生反问"为什么"的教官。一有学生问"为什么"，他就勃然大怒，觉得威权受到挑战。

夏娃不像亚当那么乖，在《创世纪》第二章结尾，亚当夏娃都还"赤身露体，并不羞耻"，第三章一开始，夏娃认识了新的朋友——蛇。

经文里说："蛇比田野一切的活物更狡猾。"

"狡猾"的另外一个意思其实是"聪明"。蛇如果也是耶和华神创造的，神的"威权"里似乎也早已预设了对"狡猾""背叛"的接纳。

蛇对夏娃说的话很耐人寻味：

"神知道，你们吃（禁果）的日子，眼睛就明亮了。你们便如神，能知道善恶。"（《创世纪》3—5）

所有在蒙蔽愚昧中的人，或许都如此时的夏娃，面对着蛇的语言，左思右想，看看就在眼前的"禁果"，反复问自己："要吃？不要吃？"充满矛盾犹疑的挣扎。

夏娃是我中学时违反校规敢于顶撞教官的女学生吧。

"摘下果子来吃了，又给她丈夫，她丈夫也吃了，他们二人的眼睛就明亮了。"

我读《创世纪》这几行，有时不自禁热泪盈眶，因为我知道，违背神的命令，人将有什么样的下场。

肉身供养

肉身
受神惩罚

这身体受羞辱、流放、惩罚，然而他们会想重新回到伊甸园愚骏天真的无忧无虑之中去吗？神的诅咒，会不会是另一种赐福？

因为人类的始祖违反神的禁令，偷吃了禁果，受到了处罚，被驱逐出伊甸园。

伊甸园是无忧无虑的园子，在许多西方画家的作品里，伊甸园里的动物植物都像一个童话世界，天真烂漫，幸福又带着些许呆气。

也许无知的痴愚是一种"幸福"吧。

神最初造伊甸园，是为了亚当夏娃可以永世生活在这样美好没有烦恼的幸福之地。

然而夏娃亚当吃了神不允许触碰的禁果，他们"眼睛明亮了"，他们能够知道善恶了。

"眼睛明亮了"是痛苦的开始吗？"能分别善恶"是烦恼的开始吗？

眼睛亮了，他们看到自己赤身露体；能分别善恶，他们觉得羞耻，不道德，想要躲藏起来。

神在空中呼唤他们，神说："你在哪里？"

那是少年时我读《圣经》最感觉到恐怖的片段，神什么都知道，什么都掌握在他手中。

人类犯了罪，赤身露体，羞耻，找地方藏躲，然而神的声音一点一点逼近——"你在哪里？"

希伯来《圣经》是阐释"罪"动人的经典。"罪"好像从《创世纪》开始就潜伏在人的身体里。

"罪"不是那颗禁果，也不是那条蛇。"罪"其实就是人类自己的身体，这曾经被神称赞为"我骨中的骨，肉中的肉"的赤裸裸的身体。

人类犯了罪，被神惩罚，逐出无忧无虑的伊甸园，开始漫长的流浪，肉身从此流浪于无止尽的生死途中。羞辱、饥饿、烦恼、疾病、焦虑、哀伤、灾难、痛苦、绝望，这身体无日不受外在、内在的煎熬。

文艺复兴前期意大利画家马萨其奥（Masaccio，本名

Tommaso di Ser Giovanni di Mone）画下了亚当和夏娃被逐出伊甸园的著名画作。

亚当双手蒙面，羞耻无法见"神"。夏娃右手遮住双乳，左手遮掩下体私处。

这是人类最初的犯罪，这是人类最初的流放。他们从此再也回不到无忧无虑的伊甸园。

他们的上端有天使奉神命令，"转动发火焰的剑"，驱赶两人，使他们再也回不到乐园。

西方美学传统上有"失乐园"的主题。诗人写诗，画家画画，都在传达"失去"乐园之后人类的茫然伤痛的咏叹。

然而，马萨其奥的画让我沉思了很久。

马萨其奥大约在二十五岁左右，创作了这幅壁画。二十七岁就去世了的画家，在佛罗伦萨布兰卡契（Brancacci）教堂一个角落留下这件令人深思的壁画。

肉身受神惩罚

亚当为什么要觉得羞耻？

夏娃为什么要遮掩双乳阴部？为什么要仰面嚎啕大哭？

这身体是受神诅咒的身体吗？

神诅咒了蛇，蛇因此"用肚子行走，终身吃土"。

神也诅咒了女人，神对女人说：

"我必多多增加你怀胎的苦楚；你生产儿女必多受苦楚；你必恋慕你丈夫；你丈夫必管辖你。"

画家好像想在画里辩驳什么，但最终并未辩白。

马萨其奥《亚当被逐出伊甸园》（The Expulsion from the Garden of Eden）

肉身供养

夏娃和夏娃的后裔（女人）都受了这四种诅咒——怀胎的痛、生产的痛、恋慕丈夫的痛、受丈夫管辖的痛。

神的诅咒、惩罚一直延续到今天吗？

二十七岁早逝的画家好像要在画里辩驳什么，然而他始终没有辩白，只是留下一对赤裸裸的身体，在"罪"与"罚"的烈焰里永受煎熬。

壁画画在教堂里，有许多基督徒每天来来去去，他们抬头就看到亚当的阴茎，夏娃的双乳和下体。日子久了，大概这些"露点"都有些让保守卫道人士触目吧。一段时间过后，亚当夏娃的下阴部，都被加添上了无花果的叶子作为遮掩。

遮掩的叶子，近代又被修复古迹的人清洗掉了，可以重新看到一对男女更真实赤裸的肉体。

人类要花很长的时间研究画家、雕塑家作品的道德性，把怵目惊心的肉体上的"露点"一一用树叶遮盖。然后，人类又要用许多时间修复还原这些作品的原来风貌，把覆盖在肉身上遮掩叶子细心

文明是不断遮掩、复原的循环过程，有时令人啼笑皆非。

被修饰过的《亚当被逐出伊甸园》局部

清洗掉，而不伤害到亚当的阴茎。

文明有时令人啼笑皆非。

这身体受羞辱、流放、惩罚，然而他们会想重新回到伊甸园愚骏天真的无忧无虑之中去吗？我在壁画旁思索：神的诅咒，会不会是另一种赐福？

"失乐园"的真正意涵或许应该是人类独自思索自身价值的开始吧。

　　　　　　　　　　　　　　　　　　　　　　　　　肉身供养

亚当夏娃原来是受豢养的宠物，但是犯了罪，一夕之间成为流浪狗。

人类的始祖，在"伊甸园"的门口，嚎啕大哭，开始放逐流浪的生活。他们从此受屈辱、羞耻、痛苦，然而无论如何，确定，他们不会再回头了。

回头是再做神的宠物，回头是重新回到蒙昧的天真，回到无忧无虑的无知痴騃。

"门口"，另一个意义可能是"出口"。

如何才能让身体有原来的自信与尊严?

这件壁画中赤裸裸的男女，会不会是我们自己常有的面貌? 因为身体里的欲望贪念，时时有要触碰偷食禁果的"犯罪"的快乐。然而，犯罪之后，接连而来的必然就是陷入沮丧、羞愧、恐惧、伤痛的惩罚。

旧俄时代最伟大的作家陀思妥耶夫斯基，其著名的小说《罪与罚》全在阐述希伯来古老传统里深入人心的"罪"与"罚"的概念。

　　　　　　　　　　　肉身受神惩罚

神似乎预设了人类的犯罪，否则他为何要在伊甸园里安排"禁果"？

神也像是预设了人类的流放的惩罚吧；正是因为流放，人类的身体才开始走上了自主的道路。

这条道路崎岖艰难，跌跌撞撞，坎坎坷坷，每一个人都走得颠颠倒倒，遍体鳞伤，如同神在流放前对亚当的诅咒：

"你必终身劳苦，才能从地里得吃的。地必给你长出荆棘和蒺藜来！"

人类的肉身从那久远的岁月开始，就行走在遍布荆棘和蒺藜的路上，但是，我们要转回头去，再看一眼伊甸园的生活吗？我们要转回头去，留恋那眼睛不明亮、无法分别善恶的"幸福"吗？

维纳斯

一个女性如此美，没有人问她"善""不善"。她像一朵盛放的花，受人赞叹，蜂蝶围绕，与"道德"无关。

夏娃是基督教创造的第一个女人，在西方艺术史上不断重新被塑造，被画成壁画，做成雕像，应该算是世界历史上人气最高的女性之一。

夏娃的故事通常都表现在她受蛇诱惑偷吃禁果，犯了神的戒律，最后被赶出伊甸园，生了一大堆孩子，子孙绵延。按照基督教的说法，我们都是亚当夏娃的后裔，始祖犯了罪，生下的后代也都有罪，叫作"原罪"。意思是说你老爸有罪、祖父有罪，百代以前祖宗有罪，你就一生下来就带了罪，所以如果是基督徒，婴儿生下不久就要到教堂受洗，用水洗去"原罪"。

希腊古代也创造了一个女性，人气之旺，比起夏娃，一点也不逊色，那就是维纳斯。

巴黎卢浮宫中，有一尊在米洛岛（Milos）所发现的维纳斯，人潮一圈一圈围着，好不容易挤进去，看到一个上身赤裸的女人雕像，许多人疑惑，为什么这么多人围着看，一个韩国大爷竖起大拇指，啧啧称叹，跟一旁人说："Venus！"

"维纳斯"其实是罗马以后拉丁文把她封为金星，给她取了新名字。在古希腊这个女人叫"Aphrodite"。

照理应该用"阿芙洛狄忒"，恢复她希腊的原来名字，但是大家用惯"维纳斯"了，容易了解，还是从俗得好。

希腊奥林匹斯山上住着许许多多的神，女性的神里有宙斯的太太天后赫拉（Hera），有月神黛安娜，有智慧女神雅典娜，还有大大小小的仙女（Nymphes），以及围绕在大帅哥太阳神四周的九位主管音乐舞蹈文学的缪斯（Muses）女神，这些都是美貌女神，然而，维纳斯被认为是所有的女神中最美的。

古希腊人认为"美"很重要，不美，简直就是"不道德"。这与孔子的"止于至善"观念很不一样，孔子总是把"善"放在"美"上面。

维纳斯，一个女性如此美，没有人问她"善""不善"。她像一朵盛放的花，受人赞叹，蜂蝶围绕，与"道德"无关。

一朵花开了，蜜蜂蝴蝶都不来，可见没有色彩，也没有香气，古希腊人觉得那才真是不"道德"吧。

花的开放，是为了要传布花粉，为了传布花粉，一朵花要用尽心思，努力使自己美丽，用最艳丽夺目的颜色，用最浓郁的香气，招蜂引蝶，在短短绽放的几天，完成雄蕊与雌蕊的授粉，完成生命的扩大与延长。

一朵花，不能"招蜂引蝶"，古希腊人会不会认为根本就是生命本质的"不道德"？

维纳斯是最美的女神，她有太多"招蜂引蝶"的故事，爱情事件多，所以她又是主管"爱情"的神。

维纳斯招蜂引蝶，好像也不是她要不要，而是因为她实在太美。但是，我常常想，维纳斯的美，如果在中国，或许会是一种诅咒吧，她的招蜂引蝶，也大概会死得很惨。

褒姒、妲己，这些中国知名的美女，还没有招蜂引蝶，就背负了祸国殃民的大罪名，受历史上千年手里拿着笔的男人的唾骂侮辱，像是一种慢慢的轮奸。

看过"文革"十年许多美丽女性被批斗，我总想到维纳斯，想到她们一头长发被剃光，脸上涂满煤灰，胸前挂一个大木牌，弯腰驼背，鞠躬哈腰，向嘴里喷着臭气的群众道歉。

她为什么要道歉?

"美"要向"不美"的批斗者道歉吗?

我庆幸维纳斯没有活在中国，没有活在"文革"的中国——

古希腊人认为"美"很重要，不美，简直就是"不道德"。

《米洛的维纳斯》

肉身供养

但是希腊的维纳斯有没有经过"文革"？很不幸，真的有。

卢浮宫的维纳斯是公元前二世纪的杰作，维纳斯正要沐浴，退去身上的长袍，上半身完全赤裸，长袍围在臀股之际，小腹和臀股沟都看得见，柔软饱满，像水草丰美富裕的土丘湿地。

这件作品很多人好奇，为什么没有双手？双手去了哪里？

其实这件雕像在米洛岛发现时不只没有双手，连身躯头脸都被打成好几段碎片。

希腊人对肉体美的崇拜，经过几百年，到了罗马帝国时期，四世纪以后，基督教兴起，希腊诸神都被视为异端，很像"文革"时的"牛鬼蛇神"，维纳斯的裸体当然就是异端中的异端。

夏娃偷吃禁果，要被火剑赶出伊甸园，遭受流放，也很像"文革"的"知青下放"。

教条神权一旦独大，所有异端都要遭殃，维纳斯的"美"首当其冲，就要被揪出来批斗，一尊一尊美丽的维纳斯雕像都被一一打坏，用大槌头，用大斧头，在充满了恨的人的手中敲成碎片，碎片

　　　　　　　　　　　　　　　　　　维纳斯

也不可以被人看到，以免贻害人间，因此碎片或者埋入土中，或者丢进了大海。

世界很安静了，世界也很干净了，因为只剩下了一种声音，没有异端的吵杂，长达一千年的中世纪，维纳斯肉身的残骸，在黑暗的地下，在幽深的海底，支离破碎，等待漫长的黑夜过去，等待复活。

"文艺复兴"源起于十四世纪，"文艺复兴"原文"Renaissance"是"rebirth"，是"再一次诞生"。

希腊的诸神在海里、在地底下，重新被发现，被挖掘出来，使经历一千年教条束缚的人们满面羞愧。在希腊诸神美丽的肉身前面，包裹着教条黑衣的人们自惭形秽，他们面面相觑，开始思考"曾几何时，身体怎么变得这么丑"？

照不到阳光的身体、没有呼吸的皮肤、卑屈的关节、佝偻的颈脖、畏缩的眼神、猜忌的头脑，琐碎的嘴巴、狭窄的胸膛、挺不直的脊椎、肮脏的心思——

　　　　　　　　　　　　　　　肉身供养

即使残断了双臂，维纳斯还是用"美"救赎了肉身。

《米洛的维纳斯》局部

维纳斯

一千年不断打击"异端"的人种，结果丧失了一切"美"的可能。

　　在地下挖掘维纳斯，把碎片拼接起来，置放在博物馆，启蒙运动重新认知劫余以后维纳斯肉身的尊贵。

　　残断了双臂的维纳斯，站立在博物馆中，要再一次用"美"救赎人的身体。

维纳斯
诞生

她等待了一千年，肉身在大海的浪花里溅进而出，肉身如此坦荡光明，要昭告自己存在的价值。

维纳斯诞生在大海的浪涛之间，海洋浪花激溅、荡漾、回旋，维纳斯美丽的肉身就从回旋不去的浮沫里出现了。

她的希腊名字开头"Aphro"就是大海的浪花浮沫的意思。

也有更早解释浪花生出一个女神的传说，据说天空之神乌拉诺斯（Uranus）被儿子克罗诺斯（Cronus）一刀割去生殖器，生殖器被丢进大海中，大海浪花激溅，浪花起了白色浮沫，泡沫中就诞生了维纳斯。

希腊神话充满幻想，多读了使脑子不呆滞，也因此对现实世界种种都不会大惊小怪。

神话有它在民间长期演变的过程，在还没有文字的时代，传唱的人，旷野田陌，大街小巷走唱，你一句我一句，集体创作出了伟大的神话故事。

唱得不好，当然没有人要听。声音悦耳，语言丰富，词汇生动活泼，音韵铿锵，富于节奏变化，很容易被人记忆，很容易让大家都跟着朗朗上口，民众就跟着唱。这就是最早的神话，也是最早的传唱文学，绝不是几个傻头傻脑的文学院教授就能搞出一个维纳斯诞生这么美丽的传说的。

许多希腊的美丽神话被归属在一个叫"荷马"的诗人名下。但是那只是学院里的说法，好像没有一个有名字的诗人，坐在书房里写作，就不会有诗。

或许恰好相反，最早的美丽神话，大多不是文字书写，而是大街小巷田野海边一般庶民唱出来的歌，庶民或许才是最伟大的创作者。

一直到九〇年代，旧历年前后，我还在贵州某些山区听到"花子"，数千人聚在河边台地，隔河对唱山歌，可以连唱几天几夜。唱歌的人多不识字，却能掌握精准的音韵，语言简单，一听就懂，绝不需要掉书袋，卖弄典故。

此岸男子一句歌声悠悠扬扬，拔尖飞起，从这一岸传到对岸，余音袅袅，隔一会儿，对岸女子回唱一句，有时泼辣，有时妩媚，柔情似水，用的韵脚、文字的意象都与男子对仗相和。他们几天里

肉身供养

都如此即兴唱着，从不需要翻书本，找韵谱，矫揉造作。

我问一个男子："这么爱唱歌啊？"

他傻笑着，似乎觉得我问得奇怪："啥？来讨老婆啊！"

是吧，"文学"、"艺术"那些造作的事其实与他们无关，他们是来找老婆的，对他们而言，找老婆才是人生大事。

维纳斯的故事也这样一段一段在大街小巷传唱开了吧，"荷马"或许是那个唱得最好的一个，或者是他东听一句西听一句，每一句他都觉得好，最后就串连整理成一首长长的"史诗"。

据说"荷马"是瞎子，是不是因为看不见，耳朵的听觉特别干净，可以听到浪花回旋的梦幻泡影的声音，可以听到浮沫里肉身诞生的声音。

意大利"文艺复兴"的原文，本意是"再一次诞生"。在中世纪，宗教的教条捆绑着肉身，肉身被侮辱、被禁锢、被凌虐压迫，到了十五世纪中期，意大利中部托斯卡纳省（Toscana）的几个小城，西耶纳（Siena）、佛罗伦萨（Firenze），因为商业发达致富，出现了开明家族，像美第奇（Medici），发展银行业，推动自由贸易，对抗当时教会严厉的思想控制，资助学者翻译古希腊禁书，资助考古家挖掘教会视为"异端"的古希腊文物，被教会打坏埋在土里的维纳斯，一尊一尊重新"诞生"了。

美第奇家族有自己办的学院，学院里有许多这个家族资助的诗人、画家、建筑师，推动文化全面革新。

画家里有一位叫波提切利（Sandro Botticelli），阅读了维纳斯的故事，朗读了可能刚翻译成当时文字的荷马史诗，向往着维纳斯在海洋浪花里诞生的美丽画面。受到开明家族第三代劳伦佐（Lorenzo）的鼓励，他动手画下了惊动世人的作品《维纳斯的诞生》（The Birth of Venus）。

这件举世闻名的杰作目前收藏在佛罗伦萨的乌菲兹美术馆（Galleria degli Uffizi），画前面永远挤满世界各国来的游客，赞叹着维纳斯肉身诞生的美丽时刻。

维纳斯站在一枚扇贝上，袅袅婷婷，像一茎初生莲花的蓓蕾，如此洁净，一尘不染。公元前五世纪左右，最初古希腊的维纳斯诞

肉身供养

生浮雕，女神是穿着长袍的。波提切利让女神完全赤裸，他对抗着教会严厉禁忌裸体的戒令，让肉身还原到生命诞生时的庄严，如此纯粹，如此尊贵。

女神右手抚在胸前，左手拉着长发轻轻遮掩下身。她好像有一点点诧异——"怎么就有了这样的肉身了？"

她仿佛觉得这是久违了的肉身，一千年过去，这么漫长的岁月，这个肉身被禁锢着，被教条的禁忌层层封死，见不到阳光的肉身、呼吸不到芳香空气的肉身、无法舒展四肢的肉身、没有被爱人的手抚触过的肉身、没有被温暖的体温环抱过的肉身，如此荒凉，如此苍白，如此冰冷，等待了一千年，肉身在大海的浪花里溅迸而出，肉身如此坦荡光明，要昭告自己存在的价值。

夏娃的裸体都是受诅咒惩罚的肉身，卑屈、受苦、羞辱，然而波提切利用维纳斯的诞生呼唤出了女性美丽的肉身。

海洋的风轻轻吹拂，天空一朵一朵花静静飘落，维纳斯的发丝也静止在空中，仿佛画家要让那"诞生"的时刻停格，成为永恒的纪念。

维纳斯诞生

维纳斯的发丝静止在空中，仿佛诞生的时刻停格，成为永恒的纪念。

波提切利《维纳斯的诞生》

肉身供养

一旁有女神拿着衣袍，正要为维纳斯披上，然而画家要众人看一看女神初生的美丽身体，古希腊认为肉身是神的创造，远比人所创造的衣服要更尊贵，更值得珍惜。

去欧洲的朋友，常常忙碌，多出一天空闲，我就建议去佛罗伦萨，"看一看《维纳斯的诞生》吧——"或许会让我们回头看一看自己久违了的肉身。

维纳斯诞生

维纳斯
婚外情

远离了神话的民族，会不知不觉失去了理解人性的可能，剩下一堆干枯没有生命的律法与道德教条。

希腊诸神，伦理关系十分不固定，好像有婚姻的关系，又好像没有婚姻关系。

现代世界大量讨论古希腊神话，或许因为我们的人际关系也越来越近似希腊诸神了吧。

法律上、伦理上，现在都保护一夫一妻的关系。一夫一妻的固定伦理，好像已经是唯一的两性规则。

但是人类的历史上，一夫一妻的观念并没有那么长久，真正被使用的区域也没有那么广泛。中国结束一夫多妻的法律，也只一百年左右。可以申请离婚再婚的法律，更是近代以后才发生的事。

有一夫一妻的婚内固定伦理，就一定会有"婚外"的越轨。世俗社会制定一些轨道让人遵守，法律的轨道、道德的轨道。但是，也一定有人不服从轨道的约制。背叛法律轨道，就是犯法，要受制裁；背叛道德轨道，就是乱伦，要受众人指责唾骂。

法律与道德的界线并不清楚，即使法律无罪，封闭的社会，也可以用唾骂的口水淹没一个"乱伦"的人。

然而"乱伦"是什么？

"伦"其实是分类的方法。依据大多数人的惯性，制定成"伦"的规矩，"君臣"、"父子"、"夫妇"都是"伦"的轨道，强迫每一个人走在轨道上。

有趣的是，古代希腊的诸神好像都是不遵守轨道的。

中学时读希腊神话，觉得"神"之所以为"神"，好像就因为他们特别自由，可以不守轨道。轨道——无论是法律轨道或道德轨道，制定出来，只是让"人"遵守的。比起"神"的自由，"人"真是可怜。

古希腊最重要的天神是宙斯（Zeus），他是一名雄壮男子，留着胡须，发威时会放射雷火闪电，天崩地裂。

宙斯有太太，就是天后赫拉。但是宙斯好像从不遵守他与赫拉的婚约，他三不五时就逾越到世俗的婚姻轨道之外。

　　　　　　　　　　　　　　　　　　　　　　　　肉身供养

以一夫一妻的固定伦理来看，宙斯就是法律与道德最大的越轨者。他无时无刻不在越轨，无时无刻不在背叛伦理与律法。

宙斯著名的婚外情太多了，他曾经变成一头白色公牛，抢走了美女欧罗巴（Europa）；他曾经化身为天鹅，跟美女丽妲（Leda）做爱，丽妲怀孕，生了两个蛋，孵化出四个婴儿；宙斯也曾经暗暗私通美女塞墨勒（Semele），后来被老婆赫拉破坏，害死塞墨勒，宙斯从她腹中救出刚成形的胎儿，就是后来的酒神戴奥尼索思（Dionysos）。

宙斯无时无地都在"婚外情"，他不断泼洒精液，追逐肉身原始性欲成为他最伟大的生命意义。

宙斯在婚外情中也有变装喜好，化身成不同的动物，去跟对方做爱。好像变装成"禽""兽"，公牛、天鹅，他才恢复了原始动物具备的强大的性的力量。

"人"的性能力似乎要还原成"野兽"才强大起来。

宙斯不只贪恋美女，有一次他看到美少年格尼美帝

（Ganymede），一时心动，变身成一头猛鹰，用利爪尖喙叼起帅哥，飞上奥林匹斯山。据说，美少年从此就陪在宙斯身边，为诸神斟酒。

一个时时防止"乱伦"、"越轨"、"婚外情"的社会可能完全读不懂（或假装读懂）希腊神话。

希腊神话存在人类文明中，像是要颠覆人类的律法与伦理。或者，让人类自以为是的固定"轨道"能有一点反思松动的机会。

有一件古希腊雕刻收藏在雅典博物馆，充满戏剧性，看了让人会心一笑。

雕刻里有维纳斯，维纳斯是"美"与"爱"的女神。她有法律上的婚姻伴侣，就是火神赫菲斯托斯（Hephaestus）。火可以融铸金属，打造兵器，所以火神也是武器之神。火神常常在火炉旁拿着大榔头打铁，一身臭汗，完全不懂怜惜家里娇妻。维纳斯就不时发生婚外情。

维纳斯最有名的婚外情是跟战神玛尔斯（Mars）的恋爱。据

神话无时无刻不在背叛伦理与律法，让道德有反思松动的机会。

波提切利《维纳斯和战神》

说因为战神陶醉在爱情之中，终日沉眠维纳斯身旁，因此怠忽了发动战争，使得世间异常太平无事，人民安居乐业，是希腊神话少有的"黄金十年"。

后来爱讲八卦的太阳神阿波罗（Apollo）跑去偷偷告诉火神这一段绯闻。火神是个粗鲁铁匠，平日不关心娇妻，但是一经挑拨，觉得爱人被他人占有，绿云罩顶，面子挂不住，怒火中烧，就和战神大打出手，天下又陷入你死我活的战争。

所以希腊人崇拜维纳斯，觉得"美"与"爱"还是比战争好，你死我活，指天骂地，不如好好把自己整理得美一点，好好认真去爱一个人。

维纳斯身边跟着她的儿子厄洛斯（Eros），厄洛斯大家很熟，就是肩上有一对翅膀的"小爱神"，手里拿着弓箭，见人乱射，被射中的人就欲火焚身，情欲涌动，不克自制。

"厄洛斯"不是"爱神"，其实是"性欲之神"。被他的箭射中，就像野兽发情，控制不住肉身的性欲。

有一次厄洛斯跟在妈妈维纳斯身边，他刁钻顽皮，就拿箭射了牧神潘（Pan）一箭。牧神上半身是人，下半身是羊，上半身管不住下半身，动物原始性欲一发，常常在森林中骚扰仙女。这一天被性欲之箭射中，火上加油，一眼看到美丽的维纳斯，眼睛都要冒出火来，就上前纠缠求爱交欢。

维纳斯虽然恋爱不断，但是她很坚持"美"与"爱"的原则，她爱过战神，爱过美少年阿多尼斯（Adonis），但她无法接受长相丑怪的牧神。

雕像里维纳斯有点对牧神的纠缠恼羞成怒，拿起一只凉鞋，劈

恋爱不断的维纳斯，始终坚持"美"与"爱"的原则。

《牧神调戏维纳斯》

维纳斯婚外情

头劈脑就打下去。

这时候惹了祸的厄洛斯小家伙，也上前帮妈妈，一手抓住牧神头上的羊角，让妈妈发泄怒气，好好打个够。

这件雕像其实不是婚外情，只是性骚扰，因为维纳斯并没有动情。

希腊诸神其实很人性，爱欲、忌妒、仇恨、报复，都很真实，远离了神话的民族，会不知不觉失去了理解人性的可能，剩下一堆干枯没有生命的律法与道德教条。

肉身供养

处女怀孕

一个已经僵化的神圣主题忽然被拉回到现实，赋予了现代的解读方式，使观赏者产生了不同的思维。

西方艺术史上常常提到"圣像学"（Iconography），这个字是从拉丁文字根ICON演变出来的，原意是指基督教的"圣像"。中古世纪，信众多不识字，为了传教，教会形成一套解读《圣经》的图像。

"圣像"就是最早的"绘本"，把《圣经》故事用图像画出来，画在教堂墙壁上，画在木板上，悬挂在教堂各处，让信众看"图"了解《圣经》。

这些"圣像"在一千年间形成很固定的画法，画中的人物，表情、衣物、手势，甚至颜色，都有严格规定，师徒相传，个人不能随意改变。

基督教的"圣像"里非常重要的一个主题是耶稣母亲玛利亚以处女之身经过圣灵受孕，怀胎生了耶稣。

凡是宗教，谈到教主或圣徒诞生，都会有一套神奇的故事，以表示与平常凡人的不同吧。

肉身最原始的悸动，被包装成纯粹精神性的"圣灵"神启。

达·芬奇《天使报喜》

圣母怀孕的原文是 Annunciation，译为"圣灵受孕"、"圣胎告知"或"天使报喜"。

图像上通常是一名少女在家中静坐，忽然面前出现了天使。天使手拿百合花，向少女宣告——神要借她的肉身怀孕，让救世主耶稣诞生人间。

我们今天理解的"怀孕"，是性交中女性卵子受精的结果。但是在宗教圣洁的世界，"性交"、"肉身"、"卵子"、"受精"都是禁忌。

圣母何等崇高，岂可与男子有肉体关系。岂可让信徒感觉到圣

肉身供养

母如同世俗肉身也有性的接触。

圣母怀孕的故事因此被神圣化了。

耶稣的诞生是母亲玛利亚以处女之身"圣灵受孕"。

这个故事太不容易理解了，"圣灵"究竟是什么？

传统基督教教义核心是"三位一体"，"三位"指圣父、圣子、圣灵，圣父是天上主宰一切的父亲，圣子是来到人间为人类赎罪的耶稣，圣灵则是无所不在的一种精神。

"圣灵"不是实体的存在，看不见，摸不着。在西方的画里，常常把"圣灵"画成一道金色或白色的光。一道长长的光，从天上下来，射进玛利亚的肚子中，她就从"圣灵"受孕，怀了耶稣。

新约四种福音书里有两种记录了关于圣母处女怀孕的篇章。

《马太福音》："玛利亚已经许配了约瑟，还没有迎娶，玛利亚就从圣灵怀了孕。"（《马太福音》1—18）

《路加福音》说得更详细："童女的名字叫玛利亚，天使进去，对她说：'蒙大恩的女子，我问你安，主和你同在了。'玛利亚因为这话就很惊慌，又反复思想这样问安是什么意思。"（《路加福音》1—27）

当时玛利亚已经许配给木匠约瑟，约瑟是老实人，觉得玛利亚未婚怀孕，不是贞节女性，不想明白羞辱她，"想要暗暗地把她休了"。

幸好天使又来了，天使告诉约瑟："不要怕，只管娶过你的妻子玛利亚来，因为她所怀的孕是从圣灵来的。"

我青少年时读《福音书》，会替玛利亚紧张。大部分男性父权的社会，一个未婚怀孕的女性，会得到未婚夫这么宽容的谅解吗？

约瑟听从了天使的话，娶了玛利亚，但不与她同房，玛利亚就一直保有"处女"之身。

男子娶妻，发现妻子已经怀孕，有人告诉他，妻子怀的是神的儿子，这男子就接受了，从此也不碰妻子肉身，让她保持处女的身份。

　　　　　　　　　　　　　　　　　肉身供养

这故事在今天，还是很难说服世俗中的人吧？

我看过数百种不同画家以"圣灵受孕"为主题的作品，通常形式很固定，圣母一定十分圣洁，笼罩在一片祥和的光中，使你相信这名意外受神宠爱的少女真的是"蒙大恩"的女子。

十九世纪画家罗塞蒂（Dante Gabriel Rossetti）画的一张圣灵受孕是有名的杰作。

罗塞蒂处理这故事，抽离了时代性，不觉得是两千年前的事，也抽离了宗教性，坐在床上穿白色睡袍的少女，有一点惊慌，见到陌生人闯入卧房，她向后退缩，似乎对那"闯入者"说的"神要借你的肉身怀孕"这句话也充满恐惧。

一个已经僵化的神圣主题忽然被拉回到现实，赋予了现代的解读方式，使观赏者产生了不同的思维。

在伦敦泰德美术馆（Tate Modern Gallery），许多人围在这张画前面，沉思着，交谈着。

一个少女，正在读高中吧，十五六岁，天真烂漫，可能对

"性"或"怀孕"都还有一点
懵懂，对自己的肉身也还十
分陌生。

少女好端端在家中卧房，
忽然一个陌生男子闯了进来。

如果在今天，这少女不
会惊慌大叫吗？

"妈咪——"一个小女孩
听完母亲解说，抬头问妈妈，
"她不害怕吗？"

惊慌的少女，把僵化的神圣主题拉回到现实，有
了重新解读的角度。

罗塞蒂《天使报喜》

肉身供养

母亲笑着说："她是'圣母'。"

"圣母"两个字掩盖了一切的追问。

罗塞蒂的画显然是要揭发一些真相，这平凡可爱的少女要平白受孕，要平白接受一个不认识的"人"的"大恩"吗？

如果在今天，一名性侵害的男子，用这样的方式闯入少女卧房，跟正在读高中的被害者说："你蒙大恩了——"少女有可能会欣然接受吗？

玛利亚是"处女"，结了婚，没有跟丈夫同床，还是处女之身，却怀孕了，教会尊称为"圣处女"。

"处女"如何怀孕？一道光如何使处女怀孕？科学都无法解释。

中古世纪，一千多年，受梵蒂冈教会统治。神权是最高力量，与神权解释冲突，就是异端，要受酷刑。大家不敢问：那一道"光"，为何可以使处女怀孕？

威权对思想的禁锢力量大到难以想象，一个违反科学，不合常理的故事，却在一千年间使大众深信不疑。

中世纪后期，思想禁锢渐渐松绑，开始用科学方法解释神话。

教会有钱，可以花许多经费，找著名学者，皓首穷经，研究一个神学议题。

光是"圣灵受孕"，反复开会，反复辩论，做成厚厚的纪录。

这样的"经院哲学"论辩，据说也不是毫无意义。"圣灵受孕"的神学奇迹，经由一位学者思考，做出有趣的结论。他做了实验，一道光穿过玻璃，玻璃毫发无伤，他因此说："圣灵使处女受孕，就像光穿透玻璃，却不伤害玻璃。"

"神学"变成"光学"，耶稣诞生了，"圣处女"还是处女。

白象入胎

在许多文明发展逻辑思维的同时，印度却保有着极为细致的感官，在听觉、嗅觉、触觉的细微末梢颤栗起肉身的狂喜。

基督教解释耶稣的诞生是圣母玛利亚以处女之身受圣灵感孕。包括她的丈夫约瑟在内，她始终没有与男子有任何肉体接触，一直是"圣处女"，然而她怀孕了，诞生了耶稣。

佛教对最崇高的释迦牟尼佛的诞生也有一套神话传说。

净饭王是佛陀的父亲，母亲则是王后摩耶（Maya）夫人，他们结为夫妻二十年都没有孩子，一直到摩耶夫人四十岁以后忽然梦到"白象入胎"。

摩耶夫人睡眠中，梦到一头六只长牙的白象进入她的腹中，她就怀孕了。

佛教的说法没有基督教那么排斥肉体，没有特别强调摩耶夫人是否与丈夫净饭王同床，也没有描述他们是否回避肉体接触，只是用一场白象入梦的景象带出佛陀的降生人间。

产生佛教的印度，对身体的态度显然与犹太民族不同。

印度的原始宗教不是佛教，而是以湿婆神（Shiva）、梵天

（Brahma）、毗湿奴（Vishnu）三位大神为主的多神信仰。

多神信仰，如同希腊诸神，人性的空间比较大，欲望、善恶、性别、形相，都时常转换，没有一神教那么严格的固定威权。

阅读印度原始的经典《摩诃婆罗达》或《罗摩衍那》，比今日神怪魔幻小说电影都更好看。

印度原始信仰时时都在无常变化中，湿婆神是宇宙的大神，但是他也是毁灭之神，印度原始信仰，并不执着"善"是唯一的价值。印度教相信，宇宙初始，有两条大蛇搅动乳汁大海。大海翻腾，乳汁溅迸，生命从浪花中一一诞生。

乳汁大海翻腾不息是世界运转的关键，一旦停止翻腾，生命也将停止。

所以"神"与"魔"都来参与"搅动乳海"。神在一边，魔在另一边，像拔河一样，拉着长蛇身体，使乳海的搅动永不停息。"神"与"魔"，"善"与"恶"，如同"日"与"月"，如同"光明"与"黑暗"，并不是绝对价值，而是产生相对平衡的两种力量，缺一不可。

"神"或"魔"，任何一方，成为唯一赢者，任何一方独大，宇宙都会停止运转。"神"与"魔"停止争斗角力，乳海不再翻腾，就是生命死灭的时刻。印度教影响的东南亚，到处可见神魔"搅动乳海"的图像，曼谷机场大厅就有一座。

印度古典史诗，"神""魔"大战，常常以长达数万颂长句，描述一场战争，数日夜无休无止。《罗摩衍那》从罗摩王子爱人悉妲被魔王劫掠开始，引发人天大战，最后猴王"哈努曼"（Hanuman）加入，发动猴子大军，乱咬乱抓，完全像一场"闹天宫"，把一场原来应该是惨绝人寰的厮杀混战硬是变成大家看了都开心的喜剧。

看了《罗摩衍那》才知道《西游记》有多少印度文化的基因。所有的"魔"都是宿命中的"磨难"，并不是坏事，而所有的"神"有时候也呆到像唐僧一样让人发急。

公元前二世纪巴呼特（Bharhut）佛塔上就已经出现摩耶夫人的《白象入胎》浮雕。浮雕是圆形的，原来镶嵌在佛塔建筑梁柱上，一个一个圆形浮雕，串联成佛陀一生的故事。

我很喜欢看印度原始人体的表达方式，对肉身的真实欲望没有禁忌，没有遮掩，连身份崇高的佛陀母亲也没有特别神圣化或权威化。

浮雕中央摩耶夫人躺在床上，右手枕在颈下，似乎睡得很熟，双目紧闭，上身赤裸，下身围一条薄裙，手腕脚踝上戴着镯环。

摩耶夫人的胸部被刻画出丰满的乳房，这样的表现方式不常出现在基督教的圣母身上，佛教传入中国，出现各种不同版本的木刻《释迦画传》，摩耶夫人宽袍大袖，也没有印度原始的肉身表现。

印度文化对身体的态度自然健康，不是肉身过度受压抑的民族能理解的。

浮雕之中，有三名侍女陪伴在摩耶夫人床边。一名在上方，看着摩耶夫人，好像她看到了不可思议的神迹，双手合十，欢喜赞叹。

下端两名侍女，背对画面，她们手中执拂麈，好像要为夫人驱

"佛母"流荡着充满着情欲的女体，饱含着生殖的原始力量。

巴呼特《白象入胎》浮雕

白象入胎

赶蚊蝇，但已困倦不堪，睡得东倒西歪了。

印度的佛传艺术并不刻意强调圣洁，画面充满人间的真实温度，好像连气候的炎热，人身上汗液的气味都闻得出来。

印度是嗅觉特别的民族，他们民间信仰的庙宇燃烧着各种气味的香草矿粉，使人进入迷幻的非想非非想世界。

一直到今天还影响着欧美青年文化的大麻迷幻药物，影响了西方摇滚音乐的西塔琴的呢喃，影响整个世界身体的瑜伽，都来自印度极为特殊的肉身肢体的呼吸与冥想。

在许多文明发展逻辑思维的同时，印度却保有着极为细致的感官，在听觉、嗅觉、触觉的细微末梢颤栗起肉身的狂喜。

肉身狂喜的核心在性的悸动，女性受孕，是在性的肉身颤栗下完成的。然而基督教让女性从"圣灵"受孕，"圣灵受孕"像一幕没有气味、没有色彩、没有体温的无性生殖。

摩耶夫人的梦里是一头巨大的白象，那么巨大，它要如何钻进女性的身体？

　　　　　　　　　　　　　　　　　　　　肉身供养

"白象入胎"的故事使人感觉到女性身体被充满的快乐，"胎"或许是所有生命的第一个空间吧，要在那潮湿、温热、幽静的空间里修行成什么呢?

　　摩耶夫人在一个夏日悠长的梦里，"摩耶"梵文是"幻化"的意思，白象的肉身、侍女的肉身、摩耶夫人的肉身、看不见的蚊蝇的肉身，或许都同在一个无明的梦中吧。

　　中国的《释迦画传》里白象上坐着一名菩萨，太儒家的社会，很难理解白象就是菩萨。

　　摩耶夫人那一年四十四岁，她怀孕了，怀了佛陀的肉身。

受儒家影响，肉身过度受压抑，因而有了不一样的诠释。

《释迦画传》里的《白象入胎》

肉身供养

树下诞生

"一切难舍,不过己身",最难舍去的竟是自己的肉身啊。古老的信仰或许使我们重新省视起了自己肉身的眷恋不舍。

佛陀的母亲摩耶夫人在梦中因为"白象入胎"感孕,怀了未来佛陀的肉身。十个月后,摩耶夫人乘车经过蓝毗尼(Lumbini)园,觉得腹中阵痛,就在树下分娩,产下一男婴。

蓝毗尼园位于尼泊尔境内,因为佛陀在此诞生,与佛陀成道的菩提伽耶(Bodh-Gaya)、佛陀第一次说法的鹿野苑(Sarnarth),以及佛陀寂灭之处拘尸那揭罗(Kushinagar)共同成为著名的四大佛教圣地,吸引众多佛教徒到此朝圣。

摩耶夫人在树下产子的故事也成为佛传故事里重要的画面。美国华盛顿国家东方艺术馆(Freer Gallery)有一件贵霜时期(Kushan)公元二世纪的浮雕,画面上雕刻的主题正是摩耶夫人的《树下诞生》。

佛陀诞生是在公元前六二三年,佛陀寂灭后将近四百年间并没有佛像。信众尊敬佛陀崇高精神,并不制作肉身造像。当时阐述佛传故事,多以菩提树、法轮、宝座或佛足印代表佛陀。

一直到亚历山大大帝攻占今日印度西北犍陀罗地区之后,带进了希腊雕刻，印度才从希腊雕像借来了最早的佛陀肉身。因此早期佛像艺术中的人像身体充满希腊风格，因为最初流行于犍陀罗一带，也被称为犍陀罗艺术。

华盛顿美术馆收藏的《树下诞生》浮雕正是二世纪前后犍陀罗艺术的代表风格。

浮雕中摩耶夫人站立在正中央，左右各有三名侍者。摩耶夫人右手高举，抓着树叶，就从她的右胁肋骨处生出一男婴。摩耶夫人右侧一名侍者正手捧布匹，接生了婴儿。

摩耶夫人身体雕得极美，她身体重心落在右脚，左腿弯曲虚踏，像是舞蹈的姿态，充满律动感，随着衣纹摆荡，展现了女性肉身婀娜曼妙的妩媚优雅。摩耶夫人胸前挂一长串项链，项链跨过右侧乳房，更强调突显了她胸部的丰腴饱满，在衣服掩映下，雕刻家连乳头的细节都隐约雕出，使这宗教主题的艺术作品充满人性的真实，没有一点教条的呆板禁忌。

细看这件雕刻，人物衣纹流动的线条，背景树叶在风中的摆荡，产生微妙的互动，静态的雕刻也因此如同音乐旋律，荡漾着佛

肉身供养

印度人像的妖娆冶艳，突显出艺术作品中的人性真实。

贵霜时期《树下诞生》浮雕

树下诞生

陀出生时风和日丽的喜悦。

细看图像中人的五官，的确有明显希腊式的眉眼鼻梁，只是加入了部分印度肉身特有的柔软韵律。

佛陀故事的"白象入胎"、"树下诞生"最早传入中土可能是西晋竺法护翻译的《普曜经》。

《普曜经》第三品关于佛陀降生母胎要采取哪一种形象有大篇的讨论。

"以何形貌降生母胎？"考虑过"儒童"、"释梵"、"大天王"，甚至"金翅鸟形"等等不同形貌。最后才决定以六牙白象的形貌降生。

经文说："象形第一。六牙白象，头首微妙，威神巍巍，形像姝好。"

佛教对肉身的看法与基督教不同。耶稣的肉身是来世间为人类赎罪的，他的肉身在人世要受酷刑，用血洗去人类远祖亚当夏娃犯的原罪。

马萨其奥《圣彼得受难图》

因此基督教是以一尊钉在十字架上受苦的肉身图像建立信仰的核心。

基督教徒看到的十字架上的肉身是滴着血的，耶稣头上戴着荆棘编成的冠冕，荆棘的刺一根一根刺入额头，额头上的血顺着鼻翼两腮流下来。

耶稣的肉身在钉十字架以前也被人用荆棘鞭打，荆棘的刺一一断在肉体中，西方中世纪的画家常常以极写实的方法描绘那一具遍体鳞伤的肉身，包括钉子钉进手脚时肉的破裂，骨胳的断碎。

基督教重要的肉身符号几乎多是受酷刑凌虐的身体，从耶稣的钉十字架，到他的大弟子彼得的倒钉十字架，以及早期殉教圣徒各种不同的惨酷死法，剥皮、车裂、大劈、火烧——而这些圣徒也通常是带着他们肉身的伤痕与刑具进入天国。

天国的荣耀竟是要以肉身的受苦为代价吗？

佛教的《本生经》描述佛陀前世一次又一次的舍身，也是用肉身的布施修行。尸毗王割下身上一片一片的肉，放上天秤，为了救

　　　　　　　　　　　　　　　　　　树下诞生

修行如此艰难吗？肉身是可以这样舍去的吗？

敦煌二七五号窟《尸毗王本生》（割肉喂鹰）

肉身供养

天秤另一端被老鹰追杀的鸽子。

萨埵那太子从悬崖上跳下，把自己的肉身喂饱饥饿的老虎。

"割肉喂鹰"、"舍身饲虎"是《本生经》两次佛陀的舍身，这两段故事也大量画在敦煌一类的洞窟墙壁上，曾经是北朝到唐代绘画最重要的主题。

对今日华人而言，把自己身上的肉割下来救鸽子，把自己的肉身投下悬崖喂饱老虎，可能是难以理解的故事了吧？

然而在敦煌洞窟看到重复被画的这些主题，知道当时不识字的大众如何从肉身布施图像里得到了巨大的震动。

肉身是可以这样舍去的吗？原来"布施"并非只是钱财衣物米粮的施舍，"一切难舍，不过己身"，最难舍去的竟是自己的肉身啊。

古老的信仰或许使我们重新省视起了自己肉身的眷恋不舍。

《普曜经》中说"白象入胎"，一方面考虑该以何种形貌降生人间，最后选择了"六牙白象"的肉身造型。但是《普曜经》同时又提醒一切形貌只是虚拟假象，形貌是"幻"、是"梦"、是"影"、是"响"，"悉无所有"，是虚空不存在的实体。

"有利无利，若誉若谤，若苦若乐，得名失称，已过世间诸所有法。"

所以取得白象肉胎的身体竟是通过所有舍弃肉身的修行最后一次来世间为"空"证道吗？

白象从摩耶夫人右胁"右侧肋骨"入母胎，《普曜经》第五品即描述十月过后，摩耶夫人过蓝毗尼园，在树下也从"右胁"降生了男婴。

"尔时菩萨从右胁生，忽然见身住宝莲华，堕地行七步，显扬梵音，无常训教。"

《普曜经》是佛陀说自己降生的故事给弟子们听，他从摩耶夫人右胁降生，肉身在莲花之中，下地就走了七步。

我读《普曜经》，记得的是肉身降生时的花园景象："春末夏初，初始花茂，不寒不暑。"

　　　　　　　　　　　　　　　　　　　　　　肉身供养

空行母

在印度，瑜伽的难度却似乎最后都转回到自己的肉身，肉身才是难度，这肉身要如何从痛与狂喜里自己证悟，正是无上瑜伽的修行所在。

在一件西藏密宗的唐卡上看到一个"空行母"的造像，不知道为什么心里起了很大的震撼。

"空行母"原文是 dakini，印度原始信仰演变成被佛教吸收的密宗，无论教义或造型仪式都不是很容易了解。

我很喜欢看密宗的法器、造型、仪式，常常觉得好像透过潜意识的直觉，心里会有很底层的什么东西被呼唤起来。我有时也并不刻意去查证资料，不想用知识的方式理解一个图像，而是仿佛更希望能超越知识，直接以心证心，去感悟一个图像所涵盖的秘密仪式的力量。

这一件"空行母"从立春以后好像就在我自己秘密的仪式中与内在的肉身不断对话，将要到芒种了，我才想动笔写下一点与"她"对话的片段。

密宗的图像中有许多女性的修行者，她们透过肉身的无上瑜伽，做出各种难度的动作，期待肉身的升华与证悟。

"空行母"是女性瑜伽修行的主要角色，她们或与男性双修，或单纯以自己的肉身修行，修行中有极大部分是通过"性"的细致感觉来做生命的证悟。

佛教大量吸收了早期原始印度教的密仪，印度原始信仰在距今三四千年前保有大量女性原始肉身"性"与"生殖"崇拜的元素，这些密仪的仪式中女性的修行与后来佛教"空行母"的图像可能关系密切。

"空行母"通常是一裸体女性，脚下踏着死尸，在死尸身体上翩翩起舞。这名女性，头上戴着用人的骷髅串成的花冠，身上也配戴一长串用人头骷髅串成的项链。骷髅和死尸都是与死亡的意象有关的符号，然而女性肉身妩媚，舞姿曼妙，又仿佛是生命最喜乐的颂歌。

"空行母"的左手拿一人的头骨盖制成的碗，碗中盛人血，右手则持金刚杵弯刀。

原始信仰的密教仪式是有人或动物肉身活活献祭的，我在尼泊尔还看到活羊斩杀的血祭，活活斩去羊头，直接用血喷在湿婆神像

肉身供养

密宗的图像，让人直接以心证心，感悟图像所涵盖的秘密仪式的力量。

十九世纪初西藏空行母铜像

空行母

上，信徒以血涂抹神像，是典型的原始"血祭"。

"空行母"图像中的死尸、骷髅、血杯、弯刀，也一一保留着原始血祭的遗留吧。

许多现代人迷恋于密教的图像仪式，是因为身体里不曾消失的远古记忆都在基因里等待被唤起吗？

佛教并没有完全去除原始信仰中的血祭密仪，而是用包容的方法转换这些图像，让"空行母"的血祭肉身能通过死亡的怖惧、性的狂喜、杀戮的残酷，一口一口，饮啜头骨杯中剧痛与狂欢的鲜血，每一口都是证悟，每一口都让这舞蹈于死尸上的肉身了悟生命最终如行虚空，达到智慧彼岸。

"空行母"有不同形式的修行，许多是与男性紧紧相拥在性的交欢中修金刚智慧。但其中修行极为圆满妙乐的两位却都是单身的瑜伽修行者，一位是"妮古玛"（Niguma），另一位为"苏卡悉地"（Sukkhasiddi）。

妮古玛的金刚瑜伽是高举右脚，右脚掌升起，去承接拿着人血

坦然露出生命最隐秘的核心，找回肉身本就拥有、不曾消失的记忆。

"苏卡悉地"金刚瑜伽

　　　　　　　　　　　　　　　　　　　空行母

杯的左手。

我在印度舞蹈中看过很类似的动作，瑜伽者能缓慢举脚，用脚掌做镜子，映照自己的面容。

肉身如果是一种难度，希腊的难度在挑战速度、高度的极限。希腊人跳跃、奔跑、跳远，都在向外征服。然而在印度，瑜伽的难度却似乎最后都转回到自己的肉身，肉身才是难度，这肉身要如何从痛与狂喜里自己证悟，正是无上瑜伽的修行所在。

因此，当我看到苏卡悉地的修行姿态时心里起了大震动，仿佛忽然记起了好几世修行里肉身的点点滴滴。

或许是痛，或许是狂喜，或许是羞辱，或许是洁净，或许是爱的缠缚，或许是恨的嗔怒，或许是生时的嚎啕，或许是死日的哽咽——原来，肉身的记忆都还在，不会消失，而"空行母"，以如此的修行瑜伽完成她最为胜乐圆满的证悟。

她高举双脚，双脚勾到双手后方；她打开女性只有在性的悦乐与生殖的大痛时才会完全张开的肉身；她坦然露出了生命可能最隐秘的核心。

这是一种肉身修行的方式吗？基督教看不到这样的女性肉身，儒家的文化大概更难以容忍这也是一种肉身修行的方式。

然而我在密教的唐卡中看到了，觉得要用心去证悟一次自己遗忘了的肉身记忆。

火焰高高燃烧，"空行母"这样的金刚瑜伽能持续多久？她左手的血祭之杯，右手的金刚杵弯刀像是决绝的宣示，肉身要这样供养于人间，用肉身看来最卑微臭秽的器官求无上的智慧，求最终得以行于虚空的自由。

我常常观看一个人，观看一个生命修行的方式。

小时候养蚕，蚕不断吃桑叶，动作快速，无思无想，这是一种修行吗？不多久，蚕开始吐丝，一条丝如此绵长，从身体里源源不绝吐出来，一根丝，把自己一层一层缠绕起来，仍然是无思无想，这也是一种修行吗？

长大以后用看虫蚁昆虫的方式看人，也惊讶于人不同的修行方式。

卖咸粥的师父，一大清早为排长队的人客煮粥，煮好一碗一碗排列案上，用小勺加油蒜、香油、盐、香菜末、白胡椒——重复做一样的动作，清晨五点到下午一点钟，没有间断，一样是无思无想，好像修行都与"思""想"无关。

我也看到街头有人定时骂人，骂天骂地，骂左邻右舍，从同僚骂到国际局势，也是无思无想，特写去看，就是一张不断开阖的嘴巴，像蚕食桑叶，这也是一种修行的方式吗？

回头去看唐卡上的"空行母"，张露两腿性器，她也找到了如此修行肉身的方式，把肉身供养在证悟生命的漫漫长途中，她的肉身使我合十敬拜，使我泫然欲泣。

肉身供养

莎乐美
的爱与死

她俯身跪着，从盘子上双手捧起圣徒滴着血的头，深情款款地凝视着，她逐渐靠近头颅，要用一生全部的爱和绝望亲吻死亡圣徒犹带余温的嘴唇。

莎乐美（Salome）的故事是西方艺术上重要的主题，文艺复兴以后，不断在绘画里出现。作为一种女性形象，莎乐美也是西方文化里极具代表性的一位，特别从现代人性深邃的角度来看，莎乐美性格里复杂的美与死亡、爱与毁灭的意象，广泛影响到十九世纪以后的文学、绘画、歌剧、电影各个层面艺术创作。莎乐美的重要性，似乎一点也不逊色于基督教的圣母玛利亚、夏娃，或希腊神话的维纳斯。

一般讨论莎乐美都会追溯到《新约圣经》，《马太福音》（十四章）和《马可福音》（六章）都记录了有关莎乐美的故事。

故事大意是说，希律王娶了他兄弟腓力的妻子希罗底（Herodias），旷野里的先知施洗约翰（St. John）认为是乱伦，就明白指责希律王："你娶这妇人是不合理的。"希律王生气，就囚禁了约翰。但是百姓崇敬约翰为先知，希律王不敢杀他。到了希律王生日，希律王要求希罗底的美丽女儿在宴会中跳舞，并当众起誓要送她任何她要的东西。希罗底就指使女儿说："请把施洗约翰的头放在盘子里，拿来给我。"希律王无奈，已经起了誓，"于是打发人去，在监里斩了约翰，把头放在盘子里，拿来给了女子——"（《新约·马太福音》14—10）

这一段故事记载在《新约》里，可见是耶稣门徒当时听闻的事件，记录了下来。但是《新约》里并没有说到"莎乐美"的名字，只说是希罗底的女儿。

一直到公元九十四年，犹太的著名历史学家约瑟夫斯（Titus Flavius Josephus）依据《新约》考证犹太历史事迹，才指出希罗底的女儿的名字"莎乐美"。

即使考证出了莎乐美的名字，在中世纪时代，这一段故事并没有受到太多注意。

一直到文艺复兴，人性启蒙的时代，许多画家才开始思考探索这一故事背后隐喻的"美"、"肉体"、"圣徒"、"爱欲"、"死亡"等等复杂的心理纠结，从而发展出极具震撼力的视觉画面。

威尼斯画派画家提香（Tiziano Vecellio，简称 Titian）笔下

人性的启蒙，让复杂的心理纠结离开《圣经》文字，在作品中浮现。

提香《莎乐美》

莎乐美的爱与死

的莎乐美，丰腴妩媚，身披艳红衣裙，手里捧着银盘，充满深情地睨视着盘上约翰须发髭髭流着血的头。

原来《圣经》故事里短短的一段事件忽然有了极为耐人寻味的隐喻。

莎乐美的故事开始离开原来的《圣经》文字，成为文学创作、绘画创作、戏剧创作的启发灵感。

为什么莎乐美要施洗约翰的头？

莎乐美爱施洗约翰吗？

从《圣经》的原典文字中也许是找不到答案的。

施洗约翰是生活在荒野中的苦修圣徒，身上披着骆驼皮毛，禁欲苦修，在中世纪的画里常常被画成骨瘦如柴的男子，手中捧持着十字架，在约旦河边宣道，用河水替信众施洗，要信众洗清罪过，要信众悔罪。

耶稣有一次在施洗约翰面前出现，也准备接受洗礼。施洗约翰看着耶稣，说："你在天国是比我大的。"耶稣回答："我的时间还没有来临。"约翰因此替耶稣施洗，天空中即出现了代表圣灵的鸽子。

这是中世纪以来欧洲画家常常画的主题，画中坚毅苦修衣衫褴褛的约翰，很难想象会变成美女莎乐美迷恋的对象。

眼前的祥和与幸福，只是因为对未来无知吗？
达·芬奇《岩窟圣母》

莎乐美的爱与死

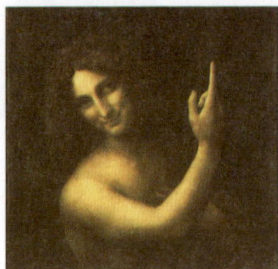

达·芬奇《施洗者约翰》

《圣经》的文字被转化了，文艺复兴时期达·芬奇就对施洗约翰这一角色充满兴趣。达·芬奇曾经数次处理施洗约翰的造型，他在著名的《岩窟圣母》(Madonna of the Rocks)里两次重复绘画幼儿时的耶稣与施洗约翰。两位母亲，两名婴儿，母亲看着孩子，画面一片祥和幸福，然而耶稣最终要钉死在十字架上，施洗约翰最终要被砍去头颅，达·芬奇似乎在预告人类不可知的悲剧，眼前所谓的"祥和""幸福"只是因为对未来无知吗？

达·芬奇最后一件作品也是画施洗约翰，在郁暗的背景里，施洗约翰不再是苦修圣徒，他肉体丰腴如女子，脸上带着诱人神秘的微笑，一手指着上方，好像要看画的人随他（她）走进不可知的媚惑世界。

施洗约翰的造型意象都被颠覆了，苦修圣徒，一步一步，被慧黠的创作者转换成俗世逸乐淫欲的俘虏。

莎乐美要用她少女美丽肉身的舞蹈换取圣徒的头颅。

十九世纪王尔德（Oscar Wilde）重写了莎乐美故事，一八九三年王尔德完成了剧本，还没有演出，就由插画家比亚兹莱

肉身供养

（Aubrey Vincent Beardsley）绘制了插图。比亚兹莱是欧洲世纪末颓废艺术最主要的代表，虽然只活了二十六岁，却在插画艺术的领域有革新性的影响，鲁迅在二十世纪初介绍世界版画就大力赞扬了比亚兹莱的成就。

比亚兹莱为王尔德莎乐美绘制的插画是一系列的，其中最常被人介绍的一幅就是戏剧最后，施洗约翰被砍去了头颅，头颅盛在盘子里端来给莎乐美。莎乐美俯身跪着，从盘子上双手捧起圣徒滴着血的头，深情款款地凝视着，她逐渐靠近头颅，要用一生全部的爱和绝望亲吻死亡圣徒犹带余温的嘴唇。

王尔德的戏剧写出了莎乐美式的毁灭的激情，绝望的爱，在死亡里最后的占有，那被称为"世纪末"的年代，王尔德被法律控诉"伤风败俗"，他入狱服刑，手中带着比亚兹莱绘制的插画杂志。

比亚兹莱的插画黑白两色，造型强烈，印象鲜明，他在画面上用新艺术（Art Nouveau）风格的装饰图案，使画面的耸动残酷激情被修饰美化得如同童话，不仔细看，或许不知道莎乐美是捧着一个砍断的头颅在深情亲吻。

BAISE TA BOVCHE
IOKANAAN
I BAISE TA BOVCHE

插画下端比亚兹莱用法文书写莎乐美喃喃的自语："约翰，我亲吻你的嘴！我亲吻你的嘴！"

王尔德或比亚兹莱，他们的"世纪末颓废"是宁为玉碎的背叛吗？

为什么在中国近代总是与"革命"连接在一起的鲁迅如此推崇比亚兹莱？

王尔德让莎乐美亲吻圣徒之唇，触怒了想占有莎乐美的希律王，因此，莎乐美最后也遭砍头命运。

唯美却怪诞，华丽又颓废的气氛，让残酷也被修饰美化得如同童话。

比亚兹莱《莎乐美》

肉身供养

褒姒

幽王的忧伤，褒姒的忧伤，他们是一个走向毁灭时代的异类，在大劫难来临之前，让世人看一看褒姒最后的笑，他们要让平庸者懂得向美致敬。

在中国古代所有女性的故事中，我最感兴趣的人物就是褒姒。

褒姒是周幽王宠爱的女人，历史上似乎也确有这个人。有人说她是褒国的孤儿，后来被姓姒的家庭收养，所以"褒姒"二字应该是"褒国姓姒"的意思。但是上古历史可信资料非常少，除非有特别的考证癖，一般人谈褒姒也不会在意历史的琐碎实证。

我最早听褒姒的故事是从母亲口中的叙述，母亲一面揉面，一面擀皮，一面包饺子，一面说褒姒的故事，她在大火沸水里煮饺子的时候正说到幽王点燃起烽火台戏弄诸侯的一段，我就觉得褒姒最后亡国前的一笑真是美到惊人，母亲却关了火，把锅盖盖上，轻描淡写地说："饺子要闷一下，你去倒麻油、醋。"

母亲吃面食很爱蘸醋，她常常说，他们家乡，女人相亲，别人问爱吃什么，都只回答一个字——醋。我不解，哪有人只爱吃醋？我问为什么？母亲说："傻小子，'醋'的发音嘴型最好看啊。相亲的女人一说'炸鸡'！那嘴还能看吗？"

母亲故事说得好听，比许多装模作样的作家的小说好看。她又跟褒姒是同乡，说起褒姒就像说自家邻居的美女，没有一般腐儒的褒贬。

腐儒讲褒姒大多就说亡国祸水妖孽，母亲说褒姒只说她美，美到不行，又不笑，更让人为了看褒姒一笑连亡国也不顾了。

母亲是逊清遗臣之后，她的家族是经历过亡国的，她也不把"亡国"当一回事。

她讲的褒姒也不是正史，混在揉面包饺子中间说的故事，却比腐儒动辄褒贬他人却内容空洞的正史有意思得多。

所以母亲说褒姒，正是说她家乡邻居美女的故事，与历史无关，也与亡国不亡国无关。

母亲说："褒姒真美——"

她说的时候像是赞叹又像是惋惜。我当时太小，其实也不知道她赞叹什么，惋惜什么。

但是，我确实被母亲口中褒姒的故事迷惑——这样美，却又不笑的女子，她究竟为何而来？为何而美？为何而笑？为何而毁灭？

我当时没有能力更深地探索，为何幽王要如此处心积虑，不惜亡国，只要看一次褒姒的笑容。

美有如此置人于死地的能力吗？

母亲的故事让一个入学前的孩子迷惑了，故事没有逻辑，却一路关心什么时候褒姒会笑，什么原因褒姒才会笑起来。

天下有比褒姒的笑更重要的事吗？

才三四岁吧，应该是多么懵懂的年纪，我却从母亲的故事里感觉到一种忧伤，幽王的忧伤，褒姒的忧伤，他们是一个走向毁灭时代的异类，在大劫难来临之前，在国灭之前，在亡家灭族之前，他们要让世人看一看褒姒最后的笑，他们要让平庸者懂得向美致敬。

是的，平庸或许是比毁灭更大的劫难。

平庸，或许是比毁灭更大的罪。

母亲说的第一次褒姒的笑是她听到了裂帛的声音，她笑了，因为丝绸裂开，或许是幽王的衣袖被树枝挂到，丝与丝之间，纤维裂开了，原来织得很细致紧密的直的经线和横的纬线，被硬生生撕开扯裂，发出一种声音。"——像是丝与丝分离时缠绵又剧烈的痛的叫喊——"，母亲说褒姒听到了那样的声音，好像母亲也在现场。褒姒听到了，在那样剧痛的叫喊里她笑了，"——是不是极凄怆的笑啊！"所有的人都被那种笑容惊动了，平庸的生命恍惚也可以一时懂了毁灭如此美丽，是值得为之生为之死的啊！

　　据说幽王因此找来了天下最昂贵华丽的锦绣，让人一一撕破扯裂，让裂帛的声音在宫殿里不断响起，褒姒坐在一片一片撕碎的锦绣中笑着，笑得像一片灿烂的夕阳，据说（母亲说的），连宫里最好的盲人乐工也听着那连绵不断的裂帛的声音落泪了。亡国之前，乐工没有瞳仁的眼睛，看不到毁灭的火光，但都听到了裂帛的声音，仿佛人仰马翻妻离子散血肉涂地的大劫难。

　　撕去了许多锦绣，宫殿里堆满锦绣的碎片，当忠心耿耿的大臣谆谆告诫幽王以国事为重时，也用到"锦绣江山"这样的字眼，而

　　　　　　　　　　　　　　　　　　　　　　　　肉身供养

忧伤的君王看着一屋子朝殿上破碎的锦绣，忧心着褒姒有一段时间又不再笑了，对于平庸者重复讨好她的低劣伎俩，她不屑一顾。

在举国的沮丧中，大家一直在努力苦思让褒姒笑起来的方法。

成堆破碎的锦绣一车一车拉出宫去弃置在荒野里，穷困的贫民百姓抢夺锦绣，打死了很多人，抢到的就把锦绣披在饥瘦生疮的身上，像君王一样大摇大摆走过街市。

"褒姒终于又笑了——"母亲说，我正把她洗好的碗盘一个一个趸起。

褒姒第二次笑，正是与盘碗摔碎有关，偶然一个婢女不小心失手摔碎了碗，陶瓷碰撞地面，碎片裂开。褒姒回头看，她仔细聆听，听到空旷的宫殿里许多土崩瓦解的回声。"褒姒笑了——"比她听到锦缎撕裂的声音笑得更加灿烂。

所有的人都呆住了，他们要看褒姒的笑，他们找来各地的盘碗杯子，他们努力摔碎，让褒姒听大火燃烧里紧紧抱在一起的泥土在碎裂中尖锐或低昂的叫声。"褒姒笑了——"一个王朝在覆灭以前传送着这样耸动的消息。

大家都知道，褒姒最后一次的笑，是幽王下令燃起了紧急军事召集的烽火，褒姒在烽火熊熊间仰面大笑，远远有诸侯率领军队飞奔而来，沙尘滚滚。

据说这是周天子最后一次军事召集，不是为了战争，是为了再看一次褒姒的笑。

故事留在历史中，嘲笑着平庸男人书写的史册，不能让一个王朝倾覆毁灭，如何称为美？诅咒褒姒的男子都粗鄙到没有缘分看到最美的笑容。

文明没有了美，还剩下什么？

　　　　　　　　　　　　　　　　肉身供养

西施
与曾雅妮

"美"是从诸多可能"不美"的元素中一点一点自觉起来的力量吧。美是一种福分，看不到美，我们不忍嘲笑，只能惋惜。

"东施效颦"是华文世界家喻户晓的故事。

我们看到一个人，没有自信，效法他人，学得四不像，最后失了自己的面貌，一点都不美，就会嘲笑地说："东施效颦。"

面对这一个成语，我常低头想：能不能不要一味"嘲笑"，而是"哀矜"、"惋惜"？

东施不可能美吗？

东施注定是历史上一直被嘲笑的丑的对象吗？

有人会去攀扯庄子，《庄子·天运》提到西施，却没有提及东施，东施显然是民间从西施衍发出来的一个人物。

东施的故事自有它在民间上千年流传的意义，一个没有看过《庄子》的平民百姓，一样听得懂"东施效颦"的成语，一样可以理解"东施效颦"深刻的寓意。

西施是美女，西施没有人看过，她的美很抽象，最后演变出

"情人眼里出西施"这样的俗语。

美变成了个人主观喜好，没有客观标准，见仁见智。

西施传说有"心痛"的毛病，心痛的时候会双手"捧心"，眉头深皱，出现"颦"的表情。

《红楼梦》里贾宝玉初见林黛玉，林黛玉"病如西子胜三分"，宝玉见黛玉"眉尖如蹙"，就送了她一个亲昵的名字叫"颦颦"。

所以西施和黛玉一样，都倾向于病弱的体质。

病弱可以是美吗？

在人类的历史上，不缺乏以女性病弱为美的例子。中国明清两代，画里特别多削肩、八字眉、弱不禁风的美女。

欧洲十八世纪的上层社会，女性流行十七吋细腰，美女常常要动手术，拿掉下端两根肋骨。

腰勒到这么细，呼吸都困难，稍一激动，就要休克昏倒。

肉身供养

这时旁边的男子，即刻取出装"嗅盐"一类的小瓶子，给美女闻一闻，美女悠悠醒转，睡眼惺忪，蒙眬娇喘，让一旁身体里雄性激素旺盛的男性疼爱到不行。

"美"也包含了怜惜、保护、疼爱或放心占有的情绪吧。

不知道夫差是不是这样雄性激素旺盛的男子，他迷恋的女性的确是需要保护的西施。西施不时心痛，出现心口微微疼痛时眉头深蹙的"颦"，那种引发"疼""爱"的表情姿态，让一旁男人的激素满溢汹涌了吧。

我常藉这样的故事说明东施的失落感。

如果西施受宠，一定会演变出"东施效颦"的民间成语。

个人的价值很脆弱，西施一旦成为公认美女，东施对自己的容貌身材都失去了信心，就很难逃脱"效颦"的悲剧命运。

今日女性的化妆、美容也都是有典范学习模仿的。

林志玲的脸蛋五官，林志玲的腰身比例，林志玲说话的声音、走路的姿态、笑的方式——都可能变成一个时代一个社会仿效的对象。

"仿效"一定不美吗？

东施注定要陷入"效颦"的悲哀吗？

有人恶意要判定东施的死罪，把她打入万劫不复的"丑女"行列。

但是在"天地有大美"的宏愿里，我还是不想嘲笑东施，只是有一点惋惜吧。

东施有可能美吗？

真正读《庄子》有了感动的人，一定知道，庄子哲学的核心正在于破除"相对"的执着。

"大小"、"长短"都是相对概念，"美丑"也是相对概念。

从《逍遥》到《齐物》，庄子可以使一条鱼起而飞，变成了展翅扶摇九万里的鹏鸟。

庄子可以让不知晦朔的"朝菌"这样短促的生命，与八千年一

　　　　　　　　　　　　　　　　肉身供养

次春天八千年一次秋天的"大椿"树有同样平等的生命价值。

东施会是万劫不能再复的"丑女"吗？我心里不安。

为西施庆幸，庆幸她有人疼爱欣赏，然而，在美的宏愿里，我还是忘不掉东施的落寞。

失望、没有自信、找不到生命价值。不只是个人，一整个民族，因为失去信心，失去自我价值的确定感，就会落入"东施效颦"的痛苦。

二十世纪至今，我们身边有多少爱"美"女性，动手术割双眼皮、垫高鼻梁、擦深色眼影、隆乳，是不是对种族价值的失落呢？她们，是不是另外一种形式的东施效颦呢？

东施心里充满着对西施的羡慕吧，如同一整个世纪，东方女性如此渴望有西方女性一样的双眼皮、高鼻梁吧。

我们应该嘲笑这一整个世纪民族在身体美学上的迷惘失落吗？

东施或许值得惋惜悲悯，她只是像大部分失去了自信的女性一

　　　　　　　　　　　　　　　　西施与曾雅妮

样，努力用化妆或整形来使自己"仿效"美女，希望变成另一个人。

庄子是特别能够识破这种悲哀的，他不是说有人没有自信，花了大笔钱，到邯郸去学走路的样子吗？学到最后，四不像，连自己原来走路的样子也失去了，"失其故步"，或许也正是东施不幸的原因吧。

这些因素，使我想对东施做一点翻案。

东施对比于西施，或许并不是绝对的美丑，而只是两种不同的典型而已。

西施如果是林志玲，纤细、优雅、娇媚、甜润。

那么，东施有可能是曾雅妮吗？

在运动场上，她的皮肤晒成古铜色，黝黑发亮、短发、圆圆脸蛋、纯稚的笑容、不经修饰的五官、壮硕的双肩、结实浑圆的腰肢，她在挥杆时特别专注笃定的表情，真帅气，我的确感觉到了她的美。

我意识到曾雅妮的美是因为她在做她自己，充足生活在自己生命之中。

"天地有大美"，我感谢曾雅妮有智慧做自己，没有随便去学林志玲。

如果曾雅妮"东施效颦"，去仿效林志玲，学林志玲的发型，学林志玲讲话的嗲声嗲气，那么，一定使人害怕，那才会是"不美"。

"美"与"丑"并不对立，"美"失了自信，才会变成"丑"。

"美"是从诸多可能"不美"的元素中一点一点自觉起来的力量吧。

"东施效颦"是了不起的美学警醒，一味嘲笑东施，一味认定她是丑八怪，或许透露了嘲笑者本身需要努力于美的觉醒吧。

美是一种福分，看不到美，我们不忍嘲笑，只能惋惜。

肉身思维

人的生命价值通过具象的真实肉身的描述，在充满艰难、挣扎、狂喜、剧痛、高贵或卑微——形形色色的肉体的处境中，得到毫不遮掩也毫不隐讳的探索。

在巴黎奥赛美术馆（Musée d'Orsay）看德加（Edgar Degas）以"女性裸体"为主题的画展，对欧洲文化长时间女性身体的表达有了更深的思考机会。

西方文明从希腊开始，一直以人的裸体作为美术的创作主题。现在收藏在卢浮宫等博物馆的阿波罗、维纳斯的裸体雕像，长达两千年，也一直是西方学院美术创作的基础。

身体，没有衣服遮盖的肉体本身，可以是美的吗？

西方漫长的美术史似乎一直在探索这一问题。

为什么在东方儒家文化主导的美术里从来没有提出和面对同样的议题？

在十九世纪初，拿破仑执政前后，法国宫廷学院的美术常常以裸体（特别是女性裸体）用来象征抽象的哲学概念，像"自由"，像"解放"，像"民主"。

一八三〇年代浪漫主义的德拉克洛瓦（Eugene Delacroix）

观者得到的，是对自由抽象概念的信仰，还是对女性裸体感动？

德拉克洛瓦《自由领导人民》

肉身供养

画过一张著名的《自由领导人民》（Liberty Leading the People）。画面中央就是一位半裸体、露出胸部的女性，手拿法兰西共和国旗帜，象征当时民众对自由民主的追求、向往与奋斗。

"自由"是很抽象的一个概念，但是女性身体却非常具象，好像西方文明要把抽象思维转换成具象的肉体，才能煽动起大众的热烈情绪。

看着卢浮宫里这张当时影响整个法国社会的名画，我在想，民众从画里得到的，究竟是对自由抽象概念的信仰，还是对女性裸体的感动，中间界限好像并不十分清楚。

这种抽象思维与具象肉体的暧昧性，在儒家文化中几乎不会发生。

儒家的道德精神信仰都诉诸文字，明明白白用汉字书写成"自由"、"民主"、"解放"，不会假托用一个女性裸体的肉身来表现。

裸体，尤其是女性裸体，在儒家文化里几乎就等同淫秽罪恶。

汉字极为尊贵崇高，孔庙里一个"大成至圣先师"的牌子，就

　　　　　　　　　　　　　　　肉身思维

可以引发崇高敬意，好像不用假手于真正的"人的肉身"就可以提升出道德感。

"大成""至圣先师"几个汉字可以传达出伟大、端正、庄严的精神。但是台湾每个学校都有的"孔子像"，从不曾给我任何感动，怎么看就是一个没有精神的衰弱的老头。

绘画或雕塑里的孔子，无法在实际的肉身形象上给人强大生命力的感染，儒家哲学就剩下文字里抽象的道德训示。

人的精神价值过度高涨，人的真实肉身太被忽略，即使是信仰，即使是道德，也容易变成空洞教条。文化符号里长期缺乏人的肉身认同，青年一代，很自然，就会从其他文明中找仰赖的典范。

在我成长的时代，中学的青少年，身体上崇拜学习的对象，绝不是孔子。长相鄙俗的校长、教官说着道德教训，我们身体学习的却是詹姆斯狄恩，或猫王。

我们对肉体如此陌生，却又对肉体充满好奇，充满"偷窥"的欲望。

主流文化里看不到"肉身"的描述,"肉身"沦落在被主流文化视为败德、罪恶的角落。

两岸故宫的绘画都看不到太多的"人",更看不到赤裸的"肉身",没有肉身的绘画,也没有肉身的雕刻。一个数千年的文明,"人"的价值只是抽象的思维,不曾在视觉上具体存在过,也无法在肉身的细节上被议论或思考。

宋元以后,山水绘画取代了"人物"的描述,"人"只是千山万水的大自然里一个渺小苍凉、没有五官、没有爱恨,不容易发现的存在。

山水画里的"人"也只是一种升华的意境,意境很高,但却并不是真正实存的"肉身"。

西方到了十九世纪,美术上,人的身体如惊涛骇浪,风起云涌,一代一代的画家推陈出新,不断颠覆旧有的身体造型,不断创造思考新的身体存在的可能,造就每一个创作者以全新的方式观看身体、记录身体、思考身体的各种可能。人的生命价值通过具象的真实肉身的描述,在充满艰难、挣扎、狂喜、剧痛、高贵或卑微——形形色色的肉体的处境中，得到毫不遮掩也毫不隐讳的探索。

德加是十九世纪法国重要的画家，一般美术历史把他归属在"印象派"，他画的芭蕾舞系列是大家熟悉的。

这次奥塞美术馆策划的"裸女"系列，因为题材的关系，过去对一般大众而言，多少有点陌生。德加长达五十年的创作中其实不断以裸体女性身体做绘画对象。一般人想到"裸女"也可能联想到画得美美的模特儿，然而在这次展出中，策展者从世界各地找到了上百张德加的裸女，其中有许多收藏在美国费城。这些"裸女"没有摆出学院熟悉的模特儿造作的姿态，这些裸女，或者洗澡，用布巾擦拭腋下，擦拭两胯；或者正梳头发，头发披散盖住五官，或者正在便盆清洗下体，洗完用布擦拭下体——德加的裸女是女性生活里一般人不容易看到的私密动作，即使亲如夫妻，丈夫通常不见得一定看得到妻子在便盆大小便或在浴缸擦洗腋下、屁股的景象。

德加之前五十年就是德拉克洛瓦画《自由领导人民》的时代，女性身体承担了"自由"、"解放"、"民主"的伟大概念。德加似

德加以全新的方式观看、记录、思考身体的各种可能。

德加《浴室的女人》（上）《拭干身体的女人》（下）

　　　　　　　　　　　　　　　　　　　　肉身思维

乎希望把女性身体还原成常态的生活，吃、喝、拉、撒，这些看来一无价值的女性肉身，会不会却恰恰好是人的身体最常态的价值？

　　儒家的经典没有提供我思考肉身的具体形象，我在德加的画里找到了弥补。

妓之肉身

肉身疲倦难堪之后，仿佛真正给受凌辱的肉身安慰的，还是一样最难堪邂逅的身体。

介绍过德加画的裸女，忘了特别强调，他画里洗屁股，擦拭腋下、两胯的裸女都是妓女。

第一次读到这个资料好像有点吃惊，但是仔细一想，当然是妓女。大概不会有一个好好人家的女性，愿意别人看她沐浴时擦身体、洗屁股的样子。不只看，还动手画下来。不要说德加是在十九世纪，即使是今天，画家要画这样的题材，也还是不容易找到对象。

画家画人像，会找模特儿，画裸体也可以，通常也都还是摆出美美的姿态。找一个模特儿，要她蹲下大小便、洗下体、擦拭腋下，模特儿大概觉得害怕，心想一定是碰到伪装成画家的变态狂了。

德加这一系列多达上百张的裸女作品因此让我很震撼。这不只是一个画家绘画技术的展现，艺术创作里更迷人的也许是创作者与"人"的复杂的纠缠、沟通、理解、尊重、欣赏、敬意吧——德加或许在他长达数十年的裸女创作里理解了女性私密的故事，而这些故事，是由主流社会最鄙视的"妓女"提供给他真实的肉身来做长时间的功课。

西洋美术一直以人的肉身做功课。学院美术素描课都画裸体，但学院对肉身的要求有固定模式，常常是抄袭模仿古典希腊雕像的姿态。久而久之，绘画里的"肉身"也就被虚伪化，与现实世俗的"肉身"脱节，画家与真实"人"的身体没有互动，艺术里的"肉身"，因此都很虚假，僵硬死板，没有"体温"。台湾许多学院美术的裸女作品，虽然脱得精光，也还是无法打动大众，原因也在此。

裸体并不只是"画"，裸体是一个人的"肉身"。

在德加的裸女绘画里，看到真实的女性肉体——不同面貌的肉体、不准备被看到的肉体、不预期被看到的肉体，或者，不在意被看到的肉体，因此才能够不矫情，不会为了"被看"或"被画"刻意摆出虚假做作的姿态。

文学、绘画，或者所有的创作，其实都在不断探测人性。最值得探测的，最值得挖掘的，一定是还没有被看到的人性，还没有被开发的人性。因此，创作者只在书房或画室，或许是创作不出动人的作品的吧。

"裸女"不能只是面对"模特儿"，还是必须面对"人"，面对

肉身供养

真实肉身一切的处境，尊贵或卑贱、华丽或邋遢、荣耀洁净或肮脏难堪……

德加与妓女长达五十年的肉身对话，留下了可观的创作纪录，开创了一个时代对女性裸体全新的观察，也才能为创作的历史树立新的标记。

妓女在西方文化创作的历史中扮演的角色不乏重要的论述，十九世纪法国的作家莫泊桑（Guy de Maupassant）、左拉（Emile Zola），都曾经在文学书写上留下妓女的观察。十九世纪后期马奈（Edouard Manet）、德加、罗特列克（Toulouse Lautrec）也都以妓女为主题，开发了人性的深度、广度，创作出精彩画作。

罗特列克是法国南部贵族家庭出身，因为幼年残疾，变成长不高的侏儒，他因此自惭形秽，决绝离开贵族家庭，浪荡巴黎，寄身在灯红酒绿的蒙马特"红磨坊"（Moulin Rouge）。红磨坊当时是欢乐场，跳脱衣舞的女郎事实上也是兼职妓女，罗特列克朝夕与她们生活在一起。他为红磨坊的演出绘制海报招贴，身份如同画电影看板的油漆匠。

日日与妓女相处，他肉身的残疾，肉身的自惭形秽，恰恰好与妓女同病相怜，久而久之，妓女似乎也不把他当成外人，解脱了性别、贵贱、尊卑的社会习惯，罗特列克才能够看到妓女最难堪也最动人的一面。他看着妓女如何调情，如何街边拉客，如何满足男子欲望，如何收钱，如何在便盆清洗下体，也同时观察到男客走后，坐在地上，背对画面，削瘦单薄像纸一样苍白的肉身。他也看到，肉身疲倦难堪之后，相互拥抱着入睡的妓女，仿佛真正给受凌辱的肉身安慰的，还是一样最难堪邋遢的身体。肉身种种，肉身供养，罗特列克仿佛不是在画妓女最私密的生活动作——他在肮脏卑贱里画出了最尊严华贵的人性。

相对而言，华人在这一领域还较少深刻的探讨，张爱玲重视《海上花》这本书，也约略表达过她对上海妓女与带领时尚文明的关系。潘玉良处理自己肉身的裸体，若隐若现，带着女性肉身受凌辱与自怜的记忆。

儒家文化好像避谈妓女，在中国长期历史中又明明白白表现出妓女与文化切不断的紧密关系。

解脱了性别、贵贱、尊卑，才能够看到人性最难堪却最动人的一面。

罗特列克《厕所》

妓之肉身

"十年一觉扬州梦，赢得青楼薄幸名。"这大概不只是杜牧一个诗人既得意又怅然的感怀吧，在一个繁华城市一住十年，让妓院的女子都怨骂他负心薄幸，这男子大胆的诗句其实正是他与妓女关系最直接的剖白。

"青楼"两字或许美化了妓院，也伪装了两性真实的关系，也伪装了女性肉身真实的处境。中国近代文学里写妓女写得好的是沈从文，他写辰州河岸吊脚楼或船上做水手生意的妓女，写躲在船尾农村来的丈夫，等妻子接客完毕，平淡谈一谈乡下家事。沈从文的人性悲悯是可以和德加对读的。

上海的作家朋友跟我说有妓女的"鸡店"，也有妓男的"鸭店"。用汉字谐音发展出"鸡店"、"鸭店"，解脱了"妓"非唯一女性的汉字迷障，其实是进步的发明。

我的朋友去鸡店，也去鸭店，他说："花四百元听一夜做'鸭'的年轻男人说说身世，比小说好看。"

"听完他们说话，我下厨烧一碗面什么的，两人一起吃，特别暖和。"朋友的话让我想起罗特列克。

　　　　　　　　　　　　　　　　肉身供养

妓女李娃

父亲狠毒无情要打死的肉身，却是妓女以绣襦拥抱。妓女，竟然是一个虚伪伦理中最真挚的救赎吗？

中国文化对妓女主题的关切有很长久的渊源，唐代传奇中白行简的《李娃传》就是著名的例子。

中国文人一向不太会说故事，太重视结论，太重视道德教训，故事就不容易说好。儒家的思维变成文化惯性，喜欢对人做道德批判，急于做简略标签式的结论，故事的过程细节都省略，故事当然就不好听了。

唐代有两个文人是说故事的高手，这两个人是兄弟，一个是写《长恨歌》的白居易，一个就是写《李娃传》的白行简。

白居易的《长恨歌》家喻户晓，把一个可能是乱伦的宫闱故事说到美得不行。汉语诗擅长抒情，文字少，意境高妙，叙事则远不如希腊、印度富于情节变化。白居易却把一个故事娓娓道来，开脱了政治或历史的八股，不追究君王责任，不问家国兴亡，纯写男女情深，成为叙事诗的千古绝唱。

白行简没有哥哥那么知名，但他撰述的《李娃传》在中国传奇戏曲上的影响不下于《长恨歌》。近年来台湾最通俗的歌仔戏，电视连续剧都还有改编自《李娃传》的演出，只是大众不太知道白行简的名字。

《李娃传》有人认为脱胎于民间故事《一枝花》，大概是唐朝很轰动的社会事件。白行简的写法也是当社会新闻来写，特别强调"常州刺史荥阳公者，略其姓名，不书"。这样的开头，给读者很大的好奇空间。这"常州刺史""荥阳公"是谁，来头不小，连监察御史白行简都不敢直书他的名姓。白行简用欲擒故纵写法，挑动读者好奇心，创造了古代传奇文学，写法也很像现代小说，使他的故事一开始就游移于真实与虚拟之间。

《李娃传》讲的荥阳公是郑儋，做过工部尚书，河东节度使，常州刺史，贞元十七年逝世（八〇一年）。白行简是贞元末年的进士，他写《李娃传》大约在八二〇年前后，时间离事件人物很近，的确有点像在写当时大众记忆犹新的社会新闻。

郑儋这样一位大官，中年得子，取名元和，疼爱有加，也把家族荣耀都寄托在这独子身上，教育他读书，送他进京赶考，希望他一举得中，光耀门楣。

　　　　　　　　　　　　　　　　　　　肉身供养

郑元和二十岁上下，带着仆人，骑着骏马，携带万贯家财，前往京城应试。

　　故事说到这里，熟悉中国传奇戏曲的人，大概已经知道后面要发生什么事情了。

　　郑元和大概是中国传奇戏曲里书生迷恋风尘故事一个较早的典型。

　　"迷恋风尘"用直白一点的话来说，也就是"迷恋上了妓女"。

　　我很同情郑元和，一个养尊处优的青年，在父母家人宠爱中长大，对社会上的事一无所知，每天读书，准备考试，书也读得不错，但是都与真实生活没有关系，却被捧为"才子"，当然也自以为是。

　　这样一位青年，穿着华衣丽服，骑乘骏马，跟着仆从佣人，走在京城大街上，招摇过市，任何人看到，也都知道，这是一个不折不扣的"富（官）二代"。

　　"富二代"悲哀的不只是有钱，其实更悲哀的是没见过世面，对生活中的事一无所知。

传奇中郑元和见到李娃，一下就呆住了。民间俗语常说"惊为天人"，可怜一个青年，二十年来，每天看到的就是爷爷奶奶爸爸妈妈，他从没有机会知道什么是"天人"。郑元和看到李娃——"妖姿要妙，绝代未有"，假装马鞭掉在地上，呆看李娃，李娃也"回眸凝睇"，一个是未经一点世故的"富二代"书呆子，一个是风尘里训练有素的名妓，郑元和当然落入圈套。

郑元和打听到李娃是京城名妓，李娃接客都是"贵戚豪族"，一动就是"百万"。郑元和回了一句"虽百万，何惜？"这更像今天"富二代"的口吻，"富二代"本来就对钱财没有感觉，要得到心中要的东西，"百万"算什么？"钱不是问题。"

住进妓院，"狎戏游宴"，不多久"囊中尽空"，钱花完了，开始卖骏马，再卖家童，一年多"资财仆马荡然"。李娃情意弥笃，但是名妓是有经纪人的，负责收钱的老鸨就不答应了。

一日，妓院安排两人出城去拜神求身孕，出城见到姨母，忽然传来老鸨暴病，李娃先走，等郑元和回家，妓院已人去楼空，再出

　　　　　　　　　　　　肉身供养

城找姨母，也只是临时租屋，没人知道"姨母"是谁，整个是一场摆脱他的骗局。这一段，今天读起来，诡谲情节还令人叹为观止，"富二代"一进京城早就已经被"诈骗集团"盯上了。

郑元和经此变故，"绝食三日"，没有死，在豪华京城走投无路，最后沦落丧仪队，为人唱挽歌，求一碗饭吃。

郑元和挽歌唱得极好，唐代豪门丧礼，像比赛一样，比殡葬排场，也比哪家挽歌唱得好，市民观看葬礼像看戏一样。郑元和书读得多，终于派上用场，又在情爱场上历尽梦幻泡影的伤痛，唱起挽歌，不同凡响——"举声清越，响振林木，曲度未终，闻者嘘唏掩泣"。

郑元和挽歌唱出了名，被奶妈的女婿认了出来，禀告郑儋，做父亲的到现场查看，认为简直奇耻大辱，捉拿元和，打了数百马鞭，打死了，尸体丢弃千人坑。丧葬队的友人拿了席子收尸，不想还有心跳微息，救活了郑元和。

郑元和遍体溃烂，在长安街头乞讨，哀叫乞讨声惊动李娃，李娃出门看视，以绣襦拥抱"枯瘠疥疬"已经不成人形的郑元和。

李娃以绣襦拥抱郑元和，是虚伪伦理中最真挚的救赎。

明末清初《李娃传》手绘本

所有文人看到这里都流泪了，父亲狠毒无情要打死的肉身，却是妓女以绣襦拥抱的肉身。

妓女，竟然是一个虚伪伦理中最真挚的救赎吗？

"元和此身，岂不是父亲生的？然父亲杀之矣。"在石君宝改编《李娃传》的作品《李亚仙花酒曲江池》中，元和说得好——"这肉身与父亲有何干属？"

白行简的《李娃传》嘲讽了儒家伦理，歌颂了主流鄙夷的娼妓文化。

肉身供养

妓女苏三

我还是纳闷儿，一个民族最优秀的人性品质怎么都在妓女身上？文人的"忠孝节义"只是空口说白话吗？

白行简笔下的"李娃"是妓女，但是有情有义。她在妓院营生，妓院整个是诈骗集团，有各种伎俩诓骗"官二代"或"富二代"，等钱花完了，床头金尽，"才子"就被扫地出门。"佳人"出身妓院，却有情义，不嫌弃沦落街头讨饭的"才子"，这就是"传奇"。

传统戏曲里的"李娃"或《玉堂春》里的"苏三"都是同一类型的妓女。

这一类故事过去习惯称为"才子佳人"，我还是觉得称为"官二代"嫖客与妓女故事更切题。

文人笔下塑造妓女多有主观的幻想，理性一点来想，妓女李娃的转变并不合情理。

嫖客郑元和钱花完了，卖了佣人，卖了车马，一文不名。妓院以营业为主，本来就没有义务白养这嫖客。老鸨委婉，安排一场骗局，假装让才子佳人出城求神，半路伪装暴病，李娃才有机会摆脱这没有利用价值的嫖客。

但是当郑元和被父亲打到遍体溃烂，落入乞丐队伍，长街哀叫乞讨，李娃听到，却忽然不忍。诈骗集团中的一员，忽然良心发现，这转变当然突兀。

白行简笔下的李娃在大街上的行为太令人吃惊了，她不只以身上绣襦拥抱饥寒枯瘦遍体脓疮的郑元和，元和昏厥，她还用手掬起车辙坑里泥泞之水，含在口中，慢慢喷噀在元和脸上，让他苏醒。

世界文学里写妓女的救赎这是绝唱，小仲马的《茶花女》远远不及。

文学戏剧最让人感动落泪的场景，也正是现实里最不可能的事吧。

李娃是妓女，在妓院经历过多少无情残酷的事，妓院岂是好混的地方，"慈悲"、"仁义"、"恩爱"在妓院都是演戏，李娃，为何忽然不演戏了？

文人潜意识里幻想有一位妓女来做自己生命最后的救赎吗？

李娃如此，苏三也如此。

　　　　　　　　　　　　　　　　肉身供养

李娃的故事到结尾更让人难以置信，李娃自己赎身，从黑道把持的火坑里脱身，从此陪伴郑元和苦读，准备考试，郑元和金榜题名，一举成名，李娃也封为汧国夫人。还有令人吃惊的事，当元和不认父亲时，李娃晓以大义，让父子尽释前嫌，和好如初，有了人人满意的大团圆。

妓女李娃感动了一千多年来的华人，但我还是纳闷儿，一个民族最优秀的人性品质怎么都在妓女身上？文人的"忠孝节义"只是空口说白话吗？

唐代《李娃传》创造了妓女传奇典范，以后戏曲里的才子佳人故事都以此为蓝本。

目前还在流传久演不衰的京剧《玉堂春》也是同一类型的故事。

苏三也是名妓，跟她见面，喝一杯茶，要先放下纹银三百两。离家收租的"富二代"王金龙，迷恋上了妓女苏三，和郑元和一样，最后钱全花完了，就被赶出妓院，在街头乞讨。

苏三也和李娃一样，有情有义，不但自己赎身从良，还为王金龙准备路费进京赶考，"才子"也是一举得中，外放做了大官。

然而名妓苏三的下场却没有李娃那么幸运，她被妓院偷卖到洪洞县做富商的妾，被大娘忌恨，在面里下毒陷害她。毒面却意外被富商吃了，七孔流血死了。大娘就买通衙门，做成苏三谋死亲夫一案，屈打成招，从洪洞县押解到省城去复审定罪。

京剧观众大概都看过永远受大众喜爱的《苏三起解》，一个年迈老警察，押解手铐脚镣的妓女苏三，"苏三离了洪洞县，将身来到大街前。未曾开言心内酸，过往君子听我言，哪一位与我南京转，与我那三郎把话传，就说苏三把命断，来生变犬马我当报还——"这是京剧里的流行歌，苏三罪衣罪服长枷镣铐出场，一开口，观众都齐声应和。

好像每个人都觉得自己是苏三，落难委屈，但还有情义，不忘跟心爱的王三郎托一句问候的话。

大街上问候过往行人，苏三有妓女的大方，通达人情世故，只会读书的女大学生是做不到的。

肉身供养

苏三跟押解她的老警察崇公道一搭一唱，走走停停，苏三不断回忆，一生委屈都在路上娓娓道来。老警察慧黠，通达人世冷暖，他当然知道是冤案，但也只能安慰苏三。两人漫漫长途，相依为命，认了父女。崇公道解去苏三沉重镣铐枷锁，拿一竹枝做见面礼，让受酷刑拷打、痛苦绝望的孤独肉身暂时有了依靠。

　　以戏剧而言，《玉堂春》比唐代的李娃传奇真实很多，"玉堂春"是名妓艺名，苏三更平实，回到世俗人间，名妓也只是平凡弱女子。

　　《苏三起解》是中国戏剧里的经典，人物角色，剧情结构，口白语言都精练完美，可以久演不衰，三百年来仍然饱含现代戏剧的素质。

　　有人爱看这出戏，特地跑到洪洞县，调阅苏三当年案情，还指证"王金龙"就是案件卷宗里的"王景隆"。

　　我爱看《苏三起解》，也爱看最结尾的《三堂会审》。苏三进了省城，会审此案的主审官就是做了大官的王金龙。

这让人想到托尔斯泰晚年的小说《复活》，年轻公爵回乡度假，跟农奴女儿上床。假期结束，公爵走了，忘了这件艳遇。女子怀孕，被乡人辱骂，最后沦落到都市做妓女。多年后，这妓女牵涉在杀人案中，法庭判了死罪，陪审团主审就是德高望重的公爵。托尔斯泰借妓女审问了公爵，《三堂会审》审问的也不是妓女苏三，而是位高权重忘恩负义的读书人王金龙。

苏三细说当年恩情，如何在王金龙落难时不顾肮脏拥抱在怀，而今苏三手镣脚铐，一身刑具伤痕，王金龙却无胆量相认。

与妓女相认是如此困难的事吗？《会审》结尾，苏三转头，觉得审问他的仿佛是王金龙，但不敢相认，她觉得如果是王金龙，应该开脱她的死罪，然而每看到这里我都心中忐忑，现实世界，妓女苏三会有李娃的好运吗？

王金龙为了官场前途，也可能杀人灭口吧！

肉身供养

肉身交易

真实去看人性，就不会处处大惊小怪。肉身、欲望，都可以购买，这与爱情无关，与道德无关。

"每个行业其实都有妓女的部分。"我的一个朋友这样说。他说的时候表情严肃，不像开玩笑，让我认真地想了很久。

事情开头是这样的，我们一个朋友，在"立法院"被骂了，骂的人用到"妓女"两个字。因为是在"立法院"里，全体哗然，认为这样的语言太粗鄙，引起很多指责。

我的朋友当然也不以为然，但是最后他说了一句："每个行业其实都有妓女的部分。"

我的理解不知道对不对——

妓女是一种行业，用肉身做交易，赚取金钱财物。用这个角度来看，其实，每一个行业也都是交易。作家用文字，教授用专业知识或嘴巴，计程车司机用开车技术，工人用劳力，农民用土地收成，渔民卖鱼虾，官僚服务人民或贪污——不同行业只是不同形态的合法交易或不合法交易。

小说里早有人隐约暗示"婚姻"里女性有可能是另一种形态的

"交易"。合法的"性交易",就称为"婚姻",不合法叫"嫖妓"或"通奸"。

当然,男性也一样,大有可能在"婚姻"里做同样合法的"性交易"。

所以,妓,伎,或技,都是在说某一种交易的能力吗?

许多社会运动的朋友已经不用"妓女"、"公娼"这样传统的字眼,而改用"性产业"。"性产业",听起来跟 IC 产业、媒体产业、食品产业、服装产业——可以平起平坐了。

但是,现实上,台湾的法律,到目前为止,"性"的交易还不能合法。作家文字交易,教授嘴巴交易,媒体名嘴更是明白用嘴巴交易,都不违法,但是用"肉身"交易,违法!

世界上有很多国家"性交易"合法,许多人到荷兰都爱参观阿姆斯特丹的红灯区。好几条街,一个一个小橱窗,每个橱窗坐着一个妓女,有的暴露,有的穿着普通,像一般家庭主妇,也有护士、修女、学生、空姐打扮,满足不同的口味。嫖客就像挑选货品，仔细在橱窗外观察，像消费者购买物品，精挑细选。在橱窗外观察完，就走进到橱窗里面议价，或者也询问更多动作技术姿态等等细节吧。"肉身交易"看来是比选购一般物品要繁难得多。将来有"性交易消费者基金会"成立，"嫖"、"妓"双方才会有更好的保障吧。

橱窗里谈什么，外人听不到，但是双方同意了，就拉起橱窗帘幕，开始真实交易。帘幕深垂，橱窗外有人留恋徘徊不去，显然对"交易"实景有更多好奇。

性交易橱窗外有很多华人，台湾观光团整团带去，喜欢在橱窗外指指点点。整团去，没有时间或机会进行真交易，但是对这样开放的性交易市场大开眼界，因此时而流露惧怕，时而哄笑，时而鄙夷，有各种有趣表情。所以虽然是在橱窗外，与真实的性交易不关痛痒，但我相信，也都是思考自己"肉身"、"性欲"很好的开始吧。

好像用嘴巴交易，用头脑交易，用知识交易，都容易合法。有很长时间，靠劳力交易的行业，也很受歧视，古代做苦力的纤夫，

　　　　　　　　　　　　　　肉身交易

被视同奴隶，土地里的耕种者也是农奴。两百年前美国棉花田里的劳动者还是奴隶，郁永河康熙年间到台湾，看到汉人役使土著，也像兽类一样。交易即使合法，也有不公平的交易，郁永河看到拉车土著在风雨中露宿，心怀悲悯，请他们到屋檐下避雨，同行汉人却说："他们野兽，不怕雨的。"

"噫——"郁永河长叹一口气了，说了一句康熙年间我觉得极前卫的话："亦人也！"

也是人啊！郁永河的反省如此前卫，其实只是回到了人性的基础。

死刑废除，性交易合法，是近几年许多国家前卫的举措，其实也只是回归到人性基础点去对待人吧。

性交易合法与否，台湾还在思考。男性嫖妓极普遍，性交易不合法，嫖妓行为一样普遍。女性在政治经济权力上逐渐觉醒，也一定产生女性对性交易的需求。

女性古代不嫖妓，并不是天生的，是女性被剥夺了嫖妓的权力。女性一旦有权力、财富自主性，自然也会"购买"性行为。古代女子当政，一样豢养"面首"。真实去看人性，就不会处处大惊小怪。

肉身，欲望，都可以购买，这与爱情无关，与道德无关，还是要看法律上何时合法。所以"立法院"重要，而我们的"立法委员"还多在红灯区橱窗外，还用"妓女"骂人，自己"肉身"尚未觉醒，也很难对性交易法案有任何助益。

阿姆斯特丹的"性产业"市场，也许是"肉身"价值上课的好地方。

肉身有不同器官，有的交易合法，例如嘴巴，头脑。有的交易不合法，就像"性器官"。

市场卖牛"舌"，也卖牛"鞭"，肉贩对待器官很平等，因为消费者都买。消费者越要，价钱就越高。但是消费的观念还很难用在人的"肉身"上。我们的社会习惯，"舌"还比"鞭"有价值，"舌"可以在学校媒体公开贩卖，"鞭"还违法，必须要偷偷私下交易。

华人男性是嗜吃各种动物的"鞭"的，那是对自己肉身下端"鞭"的重视，以"鞭"养"鞭"。但自己的"鞭"要如何对待管辖，很少在教育里提及。

　　嗜吃"鞭"的男性，自己的"鞭"常用在妓女身上。男性好朋友在一起，一聊隐私，大多都透露出"嫖妓"共同记忆，但不会跟老婆说，也不会跟爱人说，更不会跟子女说。

　　高中时一个发育强壮的同学一星期嫖妓数次，他父亲知道，就跟他说："要嫖妓早点去——"我当时傻乎乎，听不懂，问"为什么？"他说："不要接在别人后面干，容易染性病。"我恍然大悟，后来去他家见到他父亲，温文儒雅一个学者，研究大气物理，我很恭敬地向他鞠躬，叫他"伯父"。

　　　　　　　　　　　　　　　　　　　　　　　肉身供养

人间乐园

《人间乐园》里密密麻麻，描绘各种人的贪嗔痴爱。我总觉得今天任何媒体耸动图片都没有波希笔下的人精彩。

欧洲中世纪，大众生活里，最重要的书，主要就一本《圣经》。基督教思想从上而下，依据《圣经》管理人的行为。

一本书，有不同的解读方式。我青年时读《旧约·创世纪》觉得像魔幻小说。神在短短几天里呼风唤雨，创造天地万物，创造亚当，取亚当肋条，吹一口气，出现女人夏娃。

神父叙述这些情节，比学校教科书有趣，也比许多造作情节的小说更好看。

当时同学参加读经班，并不太理会神父讲的道德教训。神父告诫我们，亚当夏娃偷吃禁果被处罚，天使拿火剑驱逐他们。神父的目的是要我们做神的听话的孩子，不可以违法乱纪。

我原来打瞌睡，忽然醒来，觉得方才梦中天上地下都是喷火的剑，金光闪烁，像魔幻电影。

神父谆谆告诫，不可以惹神生气，不可以偷吃"禁果"。老神父讲完这一段，手捧《圣经》，斜睨眼睛，盯着一个特别高壮的男学生说："你啊，有没有偷吃禁果啊？"

男学生发育得有点过度，十四岁，下巴两颊黑黑的都是络腮胡茬。当时初中生都穿短裤，他的短裤紧绷着肉，前凸后鼓，大腿内侧露出一片黑毛。

我们叫他"毛哥"，顽皮的家伙常冷不防在他腿上拔一根毛。

神父眼睛盯着毛哥，毛哥脸涨得通红，说不出话。

神父的眼睛移到毛哥大腿。毛哥紧张，一头汗，用手拉着短裤下沿，好像要遮住腿上的毛。

毛哥和我后来领洗了，星期日都去教堂望弥撒。望弥撒要告解，教堂里后边有告解室。告解室密闭，很暗，像更衣间，仅容一人跪着。

隔着布帘，对面坐着神父。告解时，低头面前就是神父的脚。我们的头在神父两胯间，因为太靠近，总闻到他身体上奇怪的气味。

神父坐着聆听教友忏悔罪过，聆听完，神父会罚念几遍《玫瑰

肉身供养

经》或《天主经》。

毛哥的惩罚很长，跪在告解室里，很久没有出来。后面等候的教友不耐烦，抱怨地说："哪有那么多罪？"

毛哥后来变得很畏缩，个子高大，一身都是毛，但是这些毛好像没有增加他的威风，反而整个人像要缩进毛里躲起来。

我跟毛哥要好，他有摩托车以后，都绕一段路，接我上下学。

毛哥畏缩，骑车时却爱狂飙。我在后座，耳朵边的风呼啸如雷霆，总想到是神四处发动火剑驱逐我们。

我想到告解的事，就问毛哥："你以前告解都说那么多罪喔——"

毛哥骑摩托车时像另外一个人，有点淫邪地笑着：

"神父爱听啊，他问我，这星期手淫几次啊？打多久啊？在厕所吗？"他回头做一个鬼脸，"他妈的，神还管我手不手淫！"

我喜欢毛哥说粗话，他说粗话的时候比较有自信。但是下了摩托车，毛哥又回复原来的样子，驼着背，高大魁伟的身材，却缩在一堆毛里，没有一点神采。

我读中世纪历史，知道《圣经》的解读掌握在教会手中。教会依据《圣经》，说地球是宇宙中心，有一位科学家发现不对，地球是绕着太阳转的行星。科学家写了书，准备出版，被教会发现了，就带他去异端审判的刑房，给他看一种刑具，可以活活把人扯裂拉断。刑具刚用过，绞轮上粘着毛发、肉的碎屑。科学家闻到腥臭的血跟腐烂的脏腑的味道，面色发白，想要呕吐。

审判异端的人说："地球不是中心吗？"

科学家说："不，地球是中心。"

异端裁判在中世纪订了很多罪的条目，最主要的有七大罪：淫念当然是七大罪之一。

各种罪有各种惩罚方式，当时老百姓多不识字，光靠条文没有用，因此就找画家画在祭坛上，让信众一目了然，等于当时的绘本。

这些"祭坛画"是教会找画家奉命制作，一定要有道德教训，告知信众违反戒律以后的悲惨。

我喜欢看祭坛画，不是因为它的道德教训，却是好奇当时画家在这么独裁的教会控制下竟然画出充满人性的作品。

例如，我最爱的画家波希（Hieronymus Bosch），十五世纪左右活动于今天荷兰比利时边界一带，当时还没有这些国家，是西班牙的殖民地。所以波希的作品有些收藏在马德里普拉多美术馆(Museo Nacional del Prado)。像他著名的祭坛画《人间乐园》（Garden of Earthly Delight）。

这张画是三连作，中央方形是"人间乐园"，两旁两条长形像两扇门，可以开合。一扇画亚当、夏娃未犯罪以前的"伊甸园"，一扇画世界末日审判的"启示录"。

《人间乐园》里密密麻麻，描绘各种人的贪嗔痴爱。因为画得太细密，在美术馆，游客一不小心就错过，但是局部一放大真是惊人。我总觉得今天任何媒体耸动图片都没有波希笔下的人精彩。

我看到一个男人裸体，倒插在水塘中。双手捂住下体，两脚朝天叉开，两胯间一个红色像草莓的蛋，蛋壳破了，跑出一只鸟来。

当时波希的画是道德教训，"人间乐园"的"乐事"都会在"末世审判"中被惩罚。

倒栽葱的男子却让我想到毛哥，他高中没毕业就被送进感化院，罪名是"妨害善良风俗"。

毛哥在女公厕墙上挖了洞偷窥，那个年代公厕是粪坑，墙板壁很薄，一层三夹板，上面孔钻多了，年久失修，毛哥趴在板壁上，整个隔板就垮了，把一个正屙屎的光屁股老太太压到粪坑里了。

老太太在屎坑里大叫"色狼——"，毛哥就被抓住了。老太太要寻死，扬言失了贞操，事情就闹大了。

我后来没有机会给毛哥看波希这张画，偶然街上遇到，我叫"毛哥"，他还是缩在一堆毛里，很不开心。

魔幻、诡异的风格，时而恐怖，时而令人啼笑皆非。

波希《人间乐园》局部

波希

一个好的图像其实不是道德教训，而是真实人生里许许多多啼笑皆非的记忆。

欧洲画家里我一直喜爱波希。但是他在台湾知名度不高，好几次想介绍他，给杂志编辑或出版社看他的图片，大家面面相觑，都有点犹疑，最后拖着拖着，就搁置了发行计划。

好像华人的世界特别害怕波希，怕什么，又说不清楚。波希的画作《人间乐园》里，密密麻麻，有鱼飞在空中，鱼嘴中露出一截男人屁股，男人肛门飞出一群鸟。有自大的男人把裸体女人当马骑着，女人口鼻穿了马缰绳。在《末世审判》（The Last Judgment）里，有女人把男子放在煎锅里小火油煎，像早餐煎蛋一样，女人脸上没有一点表情——

波希的画诡异、魔幻，像一连串做不完的梦魇，嬉闹的梦、滑稽的梦、痛苦的梦、残酷的梦、荒谬的梦，虐杀、凌迟，紧接着是爱的抚慰，好像浓郁花香里混杂着一阵一阵尸臭，比纯粹的臭还更令人恶心。

这么多梦魇，刚觉得恐怖，心里发毛，却又笑起来了，这么可笑又可怖的人生，啼笑皆非。华人的儒家传统倾向于"喜怒哀乐之

诡异、魔幻，像一连串做不完的梦魇；真实，却又不合逻辑。

波希《人间乐园》局部

未发"，绝不碰七情六欲，自然难以喜欢波希，大概想都不愿意想波希的画里有多少部分是人性底层的真实吧。

波希的画不好看，不能赏心悦目。大部分华人接受欧洲美术，还是从莫奈、雷诺阿这一类美美的作品开始。

波希太真实了吧。那种真实又不合逻辑，头脑不能拐弯的人也看不懂，多介绍一点就要挨骂了。

有时候走过大街，常常脑海里就出现波希的画面。

大街上一个男人瘦巴巴的，眼睛里不知道为什么都是委屈，其实没有哭，却让人觉得比哭还惨。男人身边走着一个女人，虎虎生风，她右手挽着男子，却像是绑架，她其实不胖，却感觉上比那男

肉身供养

子大好几倍，没有原因，我一下子就想到了波希。

波希的《人间乐园》是一场荒谬闹剧。当时教会要他在教堂画画，警告基督徒不能妄想违反神的戒律。

波希就画了《人间乐园》，用图像画出人类种种荒诞可笑的画面。

波希的《人间乐园》、《末世审判》都有宗教的寓意，这有点像东方的"地狱变相图"，但是庙里的地狱图都不好看，割舌头、抱火柱、上刀山、下油锅，鬼哭神号，却少了幽默。没有幽默，人生的恐怖就不够惨。

波希其实是幽默的。教会告诫，一个男人不能太花心，淫欲冲天，随时随地拉了人上床，最后会有丑妻恶妻来整治。

这么粗浅无趣的道德教训，在中世纪流传，由教会谆谆告诫，讲的人说得无趣，听的人也没有感觉，像今天大部分的学校的道德教育一样。

然而这么无趣的道德教训交到波希手中就变成可爱的创作了。

介绍大家看《人间乐园》里一个花心男人的下场——

一头披着仕女头巾的猪（应该是母猪吧），一脸笑吟吟，长猪嘴向前拱，努力亲吻男人的面颊。

很少看到这么幸福温暖的猪，满脸都是笑，充满女性爱意的陶醉，真是春心荡漾了。

男人的身体动作却好像有点想逃避，满脸无奈，一只手想推拒母猪的亲吻。

母猪猪蹄指尖夹了一支鹅毛笔，显然是要强迫男人接受什么。

男人的左腿上铺着一张文件，文件很正式，上面用中世纪花体拉丁文书写。文件下端还有两条用来盖印的红色火漆。通常教皇一类有身份的贵族，写完信，签完字，都会烧火漆，然后把戒指上的印章压盖在火漆上，以示慎重。

我们今天结婚典礼上也有"新郎"、"新娘"用印的仪式。

婚约都准备好了，这个一脸无奈的男子是要签下他的婚约

肉身供养

无法用逻辑解释的部分，都还原到图像最真实的状态。

波希《人间乐园》局部

了吗？

一个好的图像其实不是道德教训，而是真实人生里许许多多啼笑皆非的记忆。

我们无法解释波希为什么能够把一个那么无趣的道德教训变成如此活泼可笑又有一点恐怖的画面。

最恐怖的好像也不是母猪的逼婚，而是地上一个奇怪的矮人，头与上身套着一个像海臭虫硬壳一样的脸，奇怪地盯着男人看。他像是监督婚约签字的法官，他像是每天用道德训示他人的教官，道德的纠察员，尖尖鸟嘴一样的长喙上挂了一个墨水瓶、一个笔筒。

毛笔、墨水瓶、文件，这个男人的一生就要签订契约了。

我在许多朋友的婚礼上也都想到波希这个画面，婚礼的喜庆里流动着一种看不到的荒凉。当然，被逼婚的，有时候是女性，有时候是男性。或者双方都是。

海臭虫的甲壳里是一个人，他露在壳外的臀骨上中了一支箭，有一点血迹。

肉身供养

为什么他中箭？

为什么他的甲壳帽子像荆棘一样的长长尖顶上悬吊着一只断掉的脚？

波希画里所有无法用逻辑解释的部分，还原到图像最真实的状态，骚动着我们自己意识思维都触碰不到的内心世界。

《金刚经》说"不可思议"，"不可思""不可议"，太多自以为是的"思维"，太多自以为是的"议论"，都无法进入波希的诡异又真实的魔幻世界。

常常听大陆的朋友谈起文化大革命，讲的人口沫横飞，说着批斗场面的恐怖，却又似乎很亢奋，仿佛还陶醉在慢慢虐杀一个动物过程的莫名快感里。

中国酷刑里本来就有慢慢虐杀人的伟大传统，儒学讲多了，就会忘掉这些虐杀也是中国国粹。

我还是有很大的愿望，想把波希介绍给华文的世界，或许可以让太过僵硬的"思维"、"议论"有多一点幽默，可以在虐杀的恐怖里听到一点带泪的笑声。

　　五月六月，结婚的人多了，有时候想，波希这个画面做成一张结婚贺卡，其实有趣，但是，当然只能寄给有幽默感的好朋友。

屁王

"道德"其实不是用来检查他人的，"道德"若有深刻意义，正是因为它不断向内省视自己的力量吧。

基督教在中世纪有"七宗罪"，作为检查"道德"的最高律法。

一般说来，我们讲到"罪"，想到的是"杀人"、"强奸"、"抢劫""偷盗"这些今日法律上的罪行。因为已经成为"行动"，伤害到他人，所以可以依法律判罪。

基督教的"七宗罪"却不太一样，像"傲慢"、"妒忌"、"贪吃"——都并不是今日法律上的"罪行"，还没有成为"行动"，也没有伤到他人，只是一个人自我个性情绪的状态。

"七宗罪"在整个中世纪是主导人们行为的重要规则，每一件"罪"都有一个魔鬼在主导，傲慢是"路西法"（Lucifer），贪婪是"玛门"（Mammon），淫欲是"阿斯莫德"（Asmodai），暴怒是"撒旦"（Satan），贪吃是"别西卜"（Beelzebub），妒忌是"利维坦"（Leviathan），懒惰是"贝尔芬格"（Belphegor）。

除了主导"愤怒"的"撒旦"大家较为熟悉之外，大部分的"魔鬼"对华文世界的大众来说是颇为陌生的。

欧洲文学经典多涉及"七宗罪"，如但丁《神曲》，就有对七宗罪详细的描述。即使到今天，西方青年一代的文学、电影，甚至摇滚乐都还常以"七宗罪"为创作灵感，阐述对古老经典新的看法。

年轻一代亲近日本漫画的，也会发现荒川弘《钢之炼金术士》中有七个复制人用的称号就是"七宗罪"七个英文的名字，如"envy"（妒忌）、"pride"（傲慢）、"lust"（淫欲）、"wrath"（暴怒）等。

《钢之炼金术士》从漫画到小说到动画，翻译成不同语文，"七宗罪"的概念也再次传播于青年之间。

香港小说家黄碧云也以"七宗罪"为主题创作了探究现代人性的小说。

"七宗罪"会在现代世界仍然有广泛影响力，似乎正是因为它不执着于"罪行"的结果，而关心着"罪"的起始意念与动机，可以更深入去测探人性的幽微处吧。

我最喜欢的作家旧俄时代的陀思妥耶夫斯基，他的小说《罪与

　　　　　　　　　　　　　　　　　　　　肉身供养

罚》，也是在探究罪的心理意念，而不只是外在"罪行"的结果。

因此"妒忌"，无论用来观察自己或他人，都是多么值得认识的人性本质。

"傲慢"也是，"七宗罪"，最初是"八宗罪"，还有"自大"（或"自负"），后来才被归并入"傲慢"。

深究起来，或许"自负"与"傲慢"也不全然相同。

每次阅读有关"七宗罪"的教义，觉得最大的领悟是这七样情绪并不指向他人，而是可以在自己身上一点一点做深刻的检查。

原来我们是如此难以摆脱"妒忌"、"傲慢"、"懒惰"、"淫欲"、"暴怒"、"贪吃"、"贪婪"的纠缠，这些"罪"都并不是行为，而是内在世界根植心底的欲望啊。

许多人认为基督教的"七宗罪"吸收了古老埃及文明、波斯文明的"罪"的概念，人类对人性本质的认识与探讨早在远古时代就如此细致。

画家波希生活的十五世纪正是"七宗罪"在民间极为盛行的时代，波希也依据"七宗罪"的概念为当时的教会制作了许多有趣而发人深省的图画。

我常常放大看波希关于罪与惩罚的局部描绘——

一把高高的椅子上坐着一个鹰头的人，他像一个王，头上扣着一顶高高的金属皇冠。但是细看这顶发金光的皇冠，原来是一个铜锅。铜锅上有提把，提把就像黄冠下的丝带，扣在鹰头王者的下巴上。锅子下端有四足，倒过来变成皇冠顶上的镶饰。这铜锅看起来像是荷兰比利时一带冬天用来熬汤的大锅，可以放进油或乳酪，用来烫肉和面包。

波希让一个很有威严的"王"坐在高高的宝座上，戴着皇冠。

"王"就一口一口地吞食着人，一个裸体的人，双腿被"王"的右手抓着，上半身已经吞塞进鸟嘴中去了。"王"瞪着大大的眼睛，不知是噎到了，还是被裸体的人肛门跑出的一群黑鸟吓呆了。

"王"的高高的宝座下是一个圆洞，像是粪坑，有人对着粪坑

　　　　　　　　　　　　　　　　　　　肉身供养

细致幽微的幽默，让观者反省内在，停留在自我内心"罪"的揭发。

波希《人间乐园》局部

尾王

深洞呕吐，有人蹲在坑洞旁边屙屎，肛门屙出来的却是一枚一枚金币。

波希是在描绘"傲慢"的罪吗？"傲慢""自大"，一个人可以坐在高高宝座上，头戴一顶大铜锅，如此陶醉于成为"王"的过瘾。

我们看惯一个人"傲慢""自大"，不断夸耀自己多伟大，看多了，听多了，也就暗暗说一句"臭屁"，并不会觉得是多么大的罪。当然，因为"傲慢""自大"，也一定演变成容不下他人，看到他人有一点好，就心生"妒忌"，"妒忌"会变成"恨"，开始对不顺眼的事物不断谩骂，在不克自制的"暴怒"情绪下"恨"得把不顺眼的人都一一咬死。

波希是在细细描画出"七宗罪"里微妙的循环关系吗？

不知道是不是吃人吃得太快，"王"的屁股下就放出一个蓝色透明的泡泡，像一个形象化的屁，看来有些忧郁的屁的透明气泡里，那些裸体——被吃掉的人好像又一一复活了。

　　　　　　　　　　　　　　　　　　　　肉身供养

我还是觉得波希不是在批判什么，喜欢批判恶斗的头脑不会有这种细致的幽默感。

波希画面的"警示"，笑过之后，好像都回到向自己内在的反省，停留在一次一次自我内心"罪"的揭发。

我也这样坐在高高宝座上吗？我也头戴铜锅以为是王的冠冕吗？我也会这样一口一口吞吃他人吗？

王的双脚套在两只易碎的陶罐中，他的宝座下就是臭秽不堪令人作呕的粪坑，"七宗罪"的教训变成了耐人寻味的画面，看着画面中鹰头的王，知道"道德"其实不是用来检查他人的，"道德"若有深刻意义，正是因为它不断向内省视自己的力量吧。

"为什么看见你弟兄眼中有刺，却不想自己眼中有梁木呢。"（《路加福音》6—41）这是古老的"道德"的训示。

　　　　　　　　　　　　　　　　　　尸王

波希将"七宗罪"教训转换成一幅幅耐人寻味的画面。

波希《人间乐园》局部

　　　　　　　　　　　　　　　　　　　　　　　　　肉身供养

早餐

我原来相信的"幸福"忽然像脆而薄的纸片架构的豪华城堡，顷刻间瓦解崩溃了。"幸福"岌岌可危，"幸福"这样虚幻而不牢靠。

许多祥和美满家庭一家人围坐着吃早餐的景象是特别令人羡慕的。

广告商因此很会用这样打动人心的祥和画面推销产品。

一个从卫浴间走出来的三十几岁的男子，刚洗过澡，刚整理过头发，刚刮过胡须，好像还闻得到他下巴唇齿间古龙水牙膏清凉的香气，穿着洁白硬挺的衬衫，光鲜亮丽，一面打领带一面温柔微笑着跟太太女儿说："早安！"分别在她们面颊上亲吻一下。

这是广告片，男主人做出惊讶的表情，镜头特写着盘子里的两个煎蛋，白色透明的蛋白，透出里面完整嫩润仿佛还半流动着的蛋黄。

女主人和女儿相对诡异一笑，镜头转接到女主人手上拿的一把煎锅，对着镜头说："我的秘密武器——ＸＸ牌平底锅。"

画面上特写平底锅，打出四个字——美丽煎蛋。

幸福是需要许多广告每天来提醒的。你因此会相信日复一日的生活是多么美好，是多么值得活下去。

最好的平底锅、最好的煎蛋、最好的泡面、最好的慢跑鞋、最好的冷暖空调、最好的 3G 手机、最好的脐带血银行、最好的母亲节礼物、最好的旅游套装优惠、最好的信用卡、最好的生前契约、最好的油电混合车、最好的可以增值的公寓、最好的生命礼仪与灵骨塔的选择——

现代人的幸福价值不需要哲学家思考，我们有广告，每一天林林总总形形色色的广告堆砌架构起我们生活的幸福。

没有这些广告我们还能幸福吗？

在农业时代，很少看到广告，我童年住的社区，有一排商业街道，左右各二十二间，其中有杂货店，有中药店，西医诊所兼药局，一家卖油面的店铺，一家替人弹棉被胎的店，老板跟他太太两人身上总背着一张大弓，咚咚咚，用力地打着弓弦，把棉被胎的棉花弹松。

这些店铺一直到我二十几岁，没有什么改变，通常是坐在门口

　　　　　　　　　　　　　　　　　肉身供养

的老板、老板娘老了，跟来往邻居打招呼，都记得名字称谓，也敬烟敬茶，不像是在做生意，我常常拿一只空瓶子被母亲使唤到杂货店打麻油打酒，老板一面问母亲好，一面拿一支长柄的勺从油桶里舀出麻油，透过漏斗，麻油像一根透明的细线溜进我带去的瓶子里，灌满了，我拿了沉甸甸的瓶子，说"谢谢"，走了，没有付钱，老板也从不追问要钱，我也不清楚母亲如何跟各个店铺结账。

"那个时代多好——"

年轻学生好像听我讲上古尧舜禅让时代的故事，夜不闭户，讲信修睦，简直像天堂。

那个时代好吗？

有时候我也问自己。

我觉得不好！

"为什么？！"学生很惊讶我竟这样说。

我说："那个时代没有广告——"

　　　　　　　　　　　　　　早餐

"没有广告，你怎么知道什么是'幸福'？"我说。

年轻学生或许不容易了解我在说的"幸福"的真正意思吧？

我一直到读中学，台湾还没有电视。电视刚开播，也没有很多广告。

那个年代，母亲也煎蛋给我们带便当，记忆里却很少围坐在一起用早餐的画面，常常是各吃各的，吃完各自做自己的事，不常腻在一起。我或我的家人大概都很少想什么是"幸福"。物质很少，欲望也很少，能够幻想或渴望得到的东西都很少，因此，很难有不满足的匮乏感。没有广告，其实相对来说，也就无从知道自己"幸福"或者"不幸福"。

我找出一张波希的画给学生看，"你看——"这也是早餐，你觉得幸福吗？

学生吓了一跳，说不出话来。但是他们对图画里的景象发生了兴趣。

两个妇人坐在厨房里料理吃的东西，一个手拿平底锅，在柴火

　　　　　　　　　　　　　　　　　　　　肉身供养

当一切无法改善，压抑日积月累时，心底的魔幻便不由自主现身。

波希《末世审判》局部

早餐

上像是在煎蛋，脚旁边确实还放着两个白白的鸡蛋，煎蛋大概需要小火，要有一点耐心，妇人瞪着眼睛，好像在盘算什么事情。她也许没有注意到平底锅里的煎蛋已经变成了一个男人。"我觉得是她丈夫——"学生露出不怀好意的笑容。

"看看另外一道菜，那个妇人在做什么？"

"哇——"学生叫了出来："烤热狗——"

"像是一次幸福美满的早餐吧——"我说。

我当天晚上有很多反省，我觉得是那一天早上一起床就开了电视，看了太多广告，推销平底锅的，推销泡菜的，推销新速食汉堡的，推销慢跑鞋到 LED 灯的——

广告里的"幸福生活"让我觉得自己过得如此贫乏，我原来相信的"幸福"忽然像脆而薄的纸片架构的豪华城堡，顷刻间瓦解崩溃了。

"幸福"岌岌可危，"幸福"这样虚幻而不牢靠。

我们要努力学习获得"广告"教导我们的"幸福"生活吧!

波希的时代,人如果生前无止尽地贪婪,予取予求,死后就会下到地狱,受无止尽的折磨惩罚。

波希的画是在描绘两个生前贪欲男人的下场,但是也许学生说对了,我也总觉得是两名妇人受够了粗鄙丈夫的气,一面一肚子气在准备早餐,一面眼前就出现幻象,一个丈夫变成锅里的煎蛋,一个丈夫就叉在铁枝上像热狗一样慢火细烤。

波希是绘画里的心理治疗师,早在四五百年前,他就很能体会那些受够丈夫野蛮粗鲁的可怜妻子,她们聚在一起,说丈夫长短,但回到现实,一切都无法改善,日积月累的压抑,就是心理魔幻的开始,"可怜的丈夫——"

我的学生长叹一口气:"他们每一天吃的煎蛋和热狗,原来都是他们自己——"

学生拷贝下这张画,说要放在脸书上,题名"早餐"。

乱箭肉身

那样美的肉体，那样青春的肉体，被一支一支箭刺穿，那是一种剧痛里的狂喜，圣赛巴斯汀忽然有了奇异的"性"的暗示。

圣赛巴斯汀（St. Sebastian），在电脑里键入这个名字，就会出现许多有关他的图像——一个年轻体健俊美的赤裸男子，被绑缚在柱子上，他身上中了许多箭，头、大腿、手臂、胸腹，一支一支箭，穿入他的肉身，乱箭与青春肉体形成强烈对比。

这个图像，六世纪以后，在西方文化上不断重复出现，最初可能只是一个三世纪左右的基督教殉道圣徒故事，据传说他是罗马帝国的一名百夫长，统领一百名军人的年轻军官，相当于我们今天的连长吧。

这名圣徒的故事一开始资料很少，大概只在意大利北部米兰一带流传。相传是因为他同情并保护当时受迫害的基督徒，被反基督教的政府发现，在公元二八八年处死，处死的方法是由他的属下每人射一箭，乱箭穿身而死。

基督教早期受迫害，信众多潜藏地下，一旦被发现就要受严厉惩处，酷刑逼供会党，也以极残酷的方式处死示众。

耶稣钉死在十字架上，这一肉身受苦的图像已经是西方图像学

米开朗基罗《最后的审判》局部

上最大的象征。

耶稣死后，他的弟子，信众，一个接一个殉道，受的酷刑都不一样。

圣丹尼（St. Denis）被斩首，无头肉身常常立在各个教堂门口，手中捧着自己的头颅，好像说：你们看，这是我的头。

米开朗基罗在西斯汀礼拜堂（Sistine Chapel）墙壁上画《最后的审判》（The Last Judgement），所有复活的圣徒都带着生前肉身受苦的刑具升向天国。

米开朗基罗也把自己画在圣徒之中，他是被剥皮而死的耶稣门徒圣巴多罗买（St. Bartholomew），一张剥下的人皮空荡荡在虚无中漂浮，肉身受苦的极致，竟像一份向天国邀赏封"圣"的证书。

那是肉身思考存在价值的精神传统吗？

肉身受苦与肉身救赎紧密连接，仿佛成为西方文明长时间精神追求的重要符号。

　　　　　　　　　　　　　　　　　　　　　　　肉身供养

一直到二十世纪七〇年代，法国哲学家沙特仍然以这一传统写了《圣惹内——戏子与圣徒》（Saint Genet, Comédien et Martyr）的评论。

惹内，一名囚徒，一名鸡奸者，一名窃盗，在监狱中书写了《繁花圣母》（Notre-Dame-des-fleurs）的自传体小说。

沙特撰写长篇评论，就用了"Saint"冠在 Jean Genet 名字前，沙特是以现代救赎的意义为惹内施洗封"圣"吗？

窃盗，囚徒，鸡奸者——惹内，愿意接受"圣"的封号冠冕吗？

论述者无论如何自觉背叛主流世俗，却常常无意识陷入真正的"媚俗"吧？自觉如沙特也亦复如是啊。

图像却往往有论述者无法操控的自己的历史。

圣赛巴斯汀的肉身图像在中世纪后期，因为成为黑死病和军士的保护神而大为流行。

中世纪瘟疫肆虐，人们惧怕黑死病，战争频繁时代，军士祈求平安，都使这一肉身图像四处被供奉。

文艺复兴时代追求古希腊肉身之美，圣赛巴斯汀兼具着基督教殉道精神，同时青春俊美肉体又连结着希腊美学，创作者迷恋起这一图像。在卢浮宫走一圈，很快会发现，贯穿好几世纪，西洋美术重复在不同时代，不同地区，以不同形式诠释的圣赛巴斯汀的艺术作品。著名的画家曼迪纳（Andrea Mantegna）就曾经三次创作同一主题。

殉道精神兼具希腊美学，相同主题曾贯穿好几世纪。
曼迪纳《圣赛巴斯汀》

肉身供养

那些穿刺肉体的箭开始有了不同的隐喻，那样美的肉体，那样青春的肉体，被一支一支箭刺穿，然而绑捆在柱子上的肉体，仰望天空的肉体，似乎没有痛苦，或者毋宁是一种享受，一种剧痛里的狂喜，圣赛巴斯汀忽然有了奇异的"性"的暗示。

十九世纪末二十世纪初盛行着颠覆传统圣徒的符号，法国画家牟侯（Gustave Moreau）与维也纳画派的埃贡席勒（Egon Schiele）都创作了以新形式对待的圣赛巴斯汀像，开启了整个二十世纪这一图像走向国际化，成为世界性符号隐喻的最早契机。

一九六六年日本摄影家筱山纪信拍摄了著名作家三岛由纪夫模仿圣赛巴斯汀的照片，刻意锻炼出的健壮男体，赤裸上身，肌肉纠结，下体围白布，双手高举捆绑，做出被吊起来的姿态，身上被箭刺穿。

从宗教出走，从欧洲出走，圣赛巴斯汀建立了世界性的普世意义，不再只是西方基督教圣徒，他承载了更多"肉体"、"受苦"、"美"、"救赎"、"自恋"等等多重的现代人性象征意义。

三岛式的美学隐喻着男体自我迷恋的悲剧，拒绝衰老、拒绝丑

肉身供养

陋、拒绝与世俗主流妥协，圣赛巴斯汀扩大成为青春耽溺的自戕图像。因为是俊美男体，很快被男同性恋社群用来做象征的符号，也与那一年代同性恋的压抑、自苦、密仪式的欲望结合，产生了原始图像预料不到的新的意义演变。

圣徒不再是圣徒，却可能是背叛"圣"，颠覆"圣"的另一形式的殉道。

其实最有趣的可能是在网站上搜寻一次"Saint Sebastian"，你即刻会面对大约数百至一千个圣赛巴斯汀的图像，形形色色，从中世纪的教堂雕像到文艺复兴所有大画家的绘画，几乎知名的画家都处理过这一主题。当然最有趣的是在现代，图像被运用在政治漫画中，拳王阿里也是圣赛巴斯汀，被时尚杂志用做封面。普普运用摄影图像的皮尔与吉尔（Pierre et Gilles）则把圣赛巴斯汀转成浓厚 gay 意象的水手。

当然也出现了女性扮演的圣赛巴斯汀，显然抗争着一个图像被男性霸占的狭窄。

图像当然会一直演变下去，圣徒的肉身供养，在今天，可能不在教堂，不在美术馆。会不会在妓院？在夜店，或轰趴的某个角落？在被传阅的秘密光碟里？

　　我有几位朋友常画圣赛巴斯汀，他们的创作其实也都不是论述所能拘限框架的。

舍身饲虎

施舍肉身是在修行，啃噬肉身也可能是另一种修行吗？众生都在修行途中，或快或慢，或早或迟而已。

朋友去了尼泊尔，从加德满都搭车三小时，去僻远的南无布达（Namo Buddha）山顶的创古寺。创古寺旁有舍身崖，朋友告诉我说，"舍身崖"就是六千年前佛陀前世舍身饲虎之处。

"舍身饲虎"的故事记述在《本生经》中，《本生经》历述佛陀许许多多累世一次一次舍身的故事。

大家最熟悉的《本生经》故事，如尸毗王"割肉喂鹰"，尸毗王正是佛陀前世一次修行，为了救一只鸽子，把自己身上的肉割下来，放在天秤上，让与鸽子等重的肉能喂饱老鹰，饶过鸽子。

佛陀也有一世是萨埵那太子，在悬崖上见母虎产子，没有食物，就从悬崖跳下，把身体喂给老虎吃。

朋友千里迢迢，去到舍身崖，崖道入口有画，画的就是萨埵那肉身供养老虎的画面。

朋友知道我常读《本生经》，也曾经介绍过敦煌石窟以这段故事绘制成的壁画，因此特意拍摄下来，寄给我参考。

舍身的动机与逻辑，屏除人虎对立的二元思维。

敦煌二五四号窟《萨埵那太子舍身饲虎》局部

肉身供养

我看了很觉讶异，因为画面表现方式与敦煌的壁画完全不同。

敦煌壁画从北魏到唐代常常表现"舍身饲虎"故事，但是都是萨埵那从悬崖纵身跃下，把身体喂给老虎吃。

尼泊尔舍身崖的图画，看起来很新，应该是近代人的作品，而且技法朴拙，没有现代学院美术训练，看来是由民间工匠制作，很可能在当地传法的历史中一直有这样的画法。

画面中萨埵那脱去衣服，衣物挂在树枝上，他坐在树下岩石上，右手拿刀，从身上一片一片割下肉来喂给老虎吃，身上已经血迹斑斑。

萨埵那脚下有一头母虎，五只出生不久的小老虎，画法都稚拙如儿童画。尼泊尔民间工匠对故事的理解与中国古代敦煌壁画的画法如此不同，引起我的好奇。

以理性思考来看，敦煌从悬崖跳下的画法较为合理，《本生经》也是如此描述，因为母虎与小虎身陷绝谷，没有食物，才引发萨埵那从悬崖跳下。

　　　　　　　　　　　　　　　舍身饲虎

卵生、胎生，有想、无想，众生都在修行途中。

南无布达"舍身饲虎"壁画

　　　　　　　　　　　　　　肉身供养

但是尼泊尔工匠画法有民间孩子气的天真，萨埵那直接面对老虎，身上一片一片割得遍体鳞伤，左手中还拿着一片肉，脸上却没有做出痛苦的表情。

这种画法其实很接近欧洲中世纪的宗教画，也是由民间工匠处理，信仰虔诚，不计较技术细节的合理，却十分感人。

画面中用了金色，宗教画通常在尊贵的人物身上会用金色，信众也会用金箔供养佛像，欧洲中世纪耶稣圣母的光圈也常用纯金箔装饰。

萨埵那脸部上金色，下身的围布、双脚，也用金色，天空两名菩萨从钵中取花撒下，他们的脸部也是金色。

如果金色是代表"修行"的光，那么这件作品引人深思的是——几只啃食人肉的老虎也都是金色。

或许，《本生经》的原意是在传述所有众生都在修行中吗？施舍肉身是在修行，啃噬肉身也可能是另一种修行吗？

《本生经》刚开始看，会以为只有佛陀菩萨在修行，只有舍身

舍身饲虎

者在修行，慢慢或许会发现经文常常告知：老虎也在修行，老鹰和鸽子，也都在修行，卵生、胎生、有想、无想，众生都在修行途中，或快或慢，或早或迟而已。

《本生经》现在读的人不多了，我推测是因为其中描述"修行"的方式太过艰难，不是割肉，就是跳悬崖。

我们今天也会说"施舍"，在路边给一名乞丐钱是"施舍"，冬天把穿过的旧衣服给穷困寒冷地区的居民是"施舍"，许多朋友捐助天灾受难者财物金钱米粮是"施舍"，认养一些失学儿童的学费、营养午餐，甚至喂养流浪猫、流浪狗，当然也都是"施舍"。

"施舍"对现代人来说并不陌生，也不一定要像"割肉"那么艰难。

最近去福州游鼓山涌泉寺，古寺唐宋人碑刻极多，石阶上山，沿路都是高大苍松翠柏，初春时节，游客不多，是游大陆寺庙少有的一次清静美好经验。

山不高，到了顶端，俯瞰脚下城市在云雾中，静观尘寰，也不

　　　　　　　　　　　　　　　　　　　　肉身供养

在山高，能有疏离，好像就可以不拘泥耽溺了。

涌泉寺山门在侧边，一座古意门坊，孤立在山道上，无门无扉也没有墙，一地都是落叶，走进山门，门框两侧一副对联：

"净地何须扫，空门不必关。"

我看了很久，好的联语简单平易，不卖弄做作，却直书现实之境，直入人心，发人深省，不是爱舞文弄墨一味爱表现自我的文人所能企及。

一地落叶，无扉空门，眼前实境，却都如机锋偈语，引人深思了。

进了大殿，殿后供奉布袋和尚，大肚子，笑眯眯，身上背一个布袋，这是唐以后中土发展出来非常民间的修行样式，其实也就是我们街坊邻居的寻常百姓的日常生活吧。

布袋和尚座旁有一对长联，很生动有趣，我抄录了下来——

上联："日日携空布袋，少米无钱，却剩得大肚宽肠，不知众檀

　　　　　　　　　　　　　　舍身饲虎

越，信心时，何物供养？"

下联："年年坐冷山门，接张待李，总见他欢天喜地，请问这头陀，得意处，有甚来由？"

看完联语，我也在想，我有"何物供养"？是钱财米粮吗？还是自己的肉身？

或许重新思考了中土佛教信仰后来为何慢慢疏离了《本生经》，唐宋以后，石窟壁画不太表现"舍身"故事。割肉毕竟有难度，从悬崖跳下，把肉身喂给老虎，也都有难度。中土佛教信仰回到日常生活，踏实做人，背上一个空布袋，行走于街市，能够"大肚宽肠"、"欢天喜地"，每天和气待人，在仇恨吵闹咒骂中保持笑眯眯的心情，或许才是最难的修行吧。

但是，朋友寄来的尼泊尔"舍身"图画，还是让我合十顶礼，知道肉身艰难，肉身能供养众生，是要天人赞叹的。

肉身供养

文天祥
的肉身

他的"肉身"，在夏日雨潦涂泥的肮脏间、在蒸沤的汗垢与腐烂尸体间、在粪便、鼠尸污秽的臭味间，寻找思维着自身坚持的生命理念。

中国的文明里缺乏具象的肉身思维。美术里看不到太多肉身的描绘，文学哲学里也都缺乏真实肉身的书写与探讨。或许长时间太过集中在要求精神性的升华，太过集中在道德性的议论褒贬，对肉身存在实质而具象的艰难与处境就很难有深入而真切的观察。

文天祥的故事，在儒家的精神价值里是非常受推崇的。文天祥留下一篇《正气歌》，也一直是儒家教育从幼儿时期就开始背诵学习的经典。

"天地有正气，杂然赋流形。下则为河岳，上则为日星。于人曰浩然，沛乎塞苍冥——"

华人文化里耳熟能详的句子，很多人在小时候就能朗朗上口。

《正气歌》透过文字，传达一股凛然"正气"，使人肃然起敬。但是历史上却没有文天祥真实身体的描绘，没有具象形体，使后来者没有机会思考写《正气歌》时文天祥肉身肉体是如何的处境。

很有趣，第一次思考起文天祥的肉身艰难竟然是在卢浮宫。

卢浮宫有许多以人体为主题的大画，如果不知道故事背景，匆匆看过，也一样会被画面人体所受的艰难折磨震撼。

我站在一张画前面，一个赤裸裸的雄健男人的肉体，被铁链锁捆在巨大山壁岩石上，他的骨胳强健，肌肉纠结，完美的肉身，却被一只飞来的巨鹰用尖锐的利爪划破扯裂，开膛破肚，巨鹰的利爪上染满血迹，它正用尖锐的喙从男人的肚腹中扯出五脏，叨食心脏肝脏——

熟悉希腊神话的人，很快认得出，这就是普罗米修斯，他是天上诸神，拥有不死的身体。

普罗米修斯身在天界，却同情活在地上的人类。当时人类还不知道用火，生活在茹毛饮血寒冷黑暗之中。普罗米修斯悲悯人类处境，就把诸神所拥有的"火"偷偷带到人间，让人类可以用火，可以熟食，可以取暖，可以在黑暗中有了光亮。

人类或许感念普罗米修斯的慈悲，但是私自把诸神垄断的火种偷走，却触犯了天国的律法。普罗米修斯因此被诸神惩罚，被铁链锁捆在巨石山壁上，每天会有老鹰用利爪撕破他的胸腹，用尖喙啄食他的心肝，让他受肉身最剧烈的痛苦。

肉身供养

受苦的肉身成为一种视觉符号，寻找思维着自身坚持的生命理念。

鲁本斯（Peter Paul Rubens）《普罗米修斯》（Prometheus）

文天祥的肉身

然而，最大的悲剧并不是死亡，每一天到了晚上，普罗米修斯的肉身会再度痊愈，重新长好心肝，恢复肉身的完好，等待天明之后，要再一次受巨鹰利爪撕破扯裂的痛，再一次经历心脏肝脏被啄食的巨大的痛。

因为有一张绘画在面前，普罗米修斯的肉身受苦变得非常具体。普罗米修斯为自己的信念受苦，为了把火种带给人类，改善人类生活幸福的信念，不再只是空洞的模糊的教条，因为肉身如此具象，肉身存在的艰难，为信仰受剧痛折磨的肉身，放在每一个后来者面前，成为具体的生命价值。

文天祥的《正气歌》却只是一种抽象的"气"，无法具体抓到，无法在肉身的实体上感觉到存在的艰难，无法像普罗米修斯的肉身，有那么多绘画雕刻，使他受苦的肉身成为视觉上强大的符号，竖立一种真实的生命价值。

文天祥的肉身应该是什么样的肉身？站在普罗米修斯的画前面，我想象着文天祥的身体。

"余囚北庭，坐一土室。"文天祥《正气歌》前面有一长序，谈

　　　　　　　　　　　　　　　　　　　　　　　肉身供养

他两年多在元朝囚室中的种种。肉身面对诸多周遭变化，是有许多画面可以捕捉的。青少年时读，印象特别深的也是他笔下叙述描绘的"雨潦"、"涂泥"、"蒸沤"、"薪爨"、"仓腐"、"腥臊"、"汗垢"、"圊混"、"毁尸"、"腐鼠"，这些很具体的视觉、嗅觉、触觉上种种感官上的反应。透过这些感官的描述，我们比较知道，文天祥的"肉身"，是在做一种功课了。

钱锺书认为《正气歌》文学形式上多沿袭他人，无太多创新，因此选辑宋诗时，独不选《正气歌》。然而，或许《正气歌》的价值并不在文学形式的创新，而是在文学内容上提供了独特的生命经验吧。

文天祥的"肉身"要确定自己存在的意义，文天祥的"肉身"在思考存在的价值，文天祥的"肉身"，在夏日雨潦涂泥的肮脏间、在蒸沤的汗垢与腐烂尸体间、在粪便、鼠尸污秽的臭味间，寻找思维着自身坚持的生命理念。

或许《正气歌》并不抽象，然而为什么在阅读的过程中最后传述的主体全变成了"气"？在长序的终结，文天祥也总结说："其气

　　　　　　　　　　　　　　文天祥的肉身

有七，吾气有一。"许多对囚室四周具体而敏锐的观察最后归纳成非常抽象的"气"，也把自己"肉身"的感受归纳成一种"正气"，用来对抗七种外在的"水"、"火"、"日"、"土"、"米"、"人"、"秽"的非"正气"。

文天祥的"气"会不会如同普罗米修斯，也就是为自己理念信仰受苦受折磨的"肉身"？然而我们没有文天祥的肉身符号，文天祥的"正气"停留在非常不具体的抽象思维境界。

西方文化里普罗米修斯在绘画或雕刻里的形象符号，比较不容易被政治滥用误用，我因此也一直盼望，文天祥也能有一幅肉身的图像流传下来，可以真实成为肉身思考个体价值永远的具体形象与典范。

我还是在想，锋利的刀刃划过文天祥的颈脖时，筋断血涌，刹那间肉身的剧痛与《正气歌》的关联。

　　　　　　　　　　　　　　　　　　　　　肉身供养

哪吒肉身

哪吒没有了肉身，一缕魂魄飘飘荡荡，行于虚空，中国人的肉身，或许从来不曾如此自由过，不曾如此真实而深沉地成为自我。

我对哪吒这一人物一直感到兴趣。可能因为他是华人文化里少有触及"肉身"思维的一个角色吧。

民间的哪吒信仰很普遍，台湾、澳门我都看见过祀奉哪吒的庙宇。

在台湾，哪吒的信仰甚至在现代社会被赋予了新的意义，如果坐计程车，会发现不少计程车司机，在前座驾驶盘前设置了哪吒的像，一个少年，一手高举乾坤圈，一手拿着长矛尖枪，脚下踩着风火轮，看起来意气风发。

哪吒已经从古代的神话故事，踏入现代人的生活，成为与车轮速度有关的驾驶司机的保护神。

我们从这形象上来看，大概可以了解，司机把哪吒奉为保护神的原因，是因为哪吒脚下踩着风火轮，左轮喷火，右轮生风。哪吒的传统装备，跟今天风驰电掣的汽车速度感结合在一起，产生了新的意义。

看着计程车前的哪吒小像，很庆幸东方也有一个"神"具备这么强烈的现代感。台湾民间是特别喜爱哪吒的，近几年风行起来的"电音三太子"，其实也是哪吒造型的另一种演变。从原来民俗的庙会走入现代各种活动场所，哪吒三太子在现代世界的魅力不可小窥。

在大型庆典仪式中，金光闪闪、摇滚重金属乐音中出现的三太子，或者骑摩托车出现，或者大跳"粘巴达"热舞，都使人觉得哪吒的生命力是东方诸神中特别旺盛强大的。

为什么是哪吒？可以是古老的神，又像是当代街头少年，可以跟玩滑板、玩直排轮鞋的青少年同伴一起，可以跟飙车的摩托骑士一起，狂飙呼啸过我们的城市。

中国有许多神话原型其实发源于印度，孙悟空、白娘娘都是，哪吒也不例外。从"哪吒"这两个古怪的名字发音就可以感觉到他非汉族的血缘基因。

哪吒的故事在中国发展起来可以追溯到唐代，唐玄宗时代汉传密教的不空法师（Amoghavajra）翻译了《北方毗沙门天王随军

肉身供养

护法仪轨》，据说"毗沙门天王"这位佛教护法神，对唐玄宗的数次出征战胜颇多灵验，因此这部经也很受朝廷重视。经文里出现了"哪吒"：

"尔时哪吒太子，手捧戟，以恶眼见四方，白佛言：我是北方天王吠室罗摩那罗阇（即毗沙门）第三王子其第二之孙。我祖父天王，及我哪吒同共每日三度，白佛言：我护持佛法，欲摄缚恶人或起不善之心。"

哪吒是梵文（Nalakuvara）音译，从经文来看，他是毗沙门天王的孙子，但在唐人笔记小说里，哪吒变成了北方多闻天王的儿子。

民间传奇小说从不拘束于史实，哪吒从唐代一部佛经开始，就有了他此后上天下海的身世传奇了。

现在一般人知道的"哪吒"故事主要来自《封神演义》，哪吒被塑造成一个商代末期陈塘关总兵李靖的儿子，彻底摆脱印度佛经异族血统，脱胎换骨成为中国本土的一个少年英雄。

　　　　　　　　　　　　　　　　　　　哪吒肉身

《封神演义》是一部了不起的书，结构形式上看来不那么"文学"，但是，离经叛道，想象力丰富，充满颠覆主流文化的潜在精神，其中最具代表性的人物就是哪吒。

　　哪吒从母亲怀胎开始就是"异类"，他在娘胎三年六个月，显然似乎不想用一般世俗方式诞生。他的父亲李靖觉得这是一个"妖怪"，一怒之下拿刀剖开肉球，强迫哪吒出生。

　　哪吒从出生开始，就注定与威权的父亲对抗。在中国儒家文化里"君"与"父"是最不可挑战的权威，中国的文学也绝少敢于触碰这一禁忌。《封神演义》例外地塑造了一个不甩父权的少年形象。

　　哪吒具有神力，他大闹龙宫，也是在挑战不可侵犯的威权，打死龙王之子，痛殴东海龙王，引起四海龙王一起喧腾报复，彻底颠覆了儒家压抑下"君""父"权威不可动摇的苦闷。

　　民间的喜爱疼惜哪吒，其实是在疼惜自己无以宣泄的对威权的痛恶吧。

　　《封神演义》最精彩的部分是父亲李靖站在不公义的龙王一边，

　　　　　　　　　　　　　　　　　　　　　　肉身供养

用父权强迫哪吒向主流世俗妥协，这时，哪吒流露出绝望的悲痛。

少年英雄不是输在他的武艺，而是输在他必须屈服于父亲权威。

哪吒做了最决绝的动作，也是哪吒故事最动人的画面——"割肉还父，剔骨还母"。这个肉身来自父精母血，作为儿女，最大的背叛，也就是把骨肉还掉，把肉身的债还给父母，了断与父母的肉身牵连。

许多人少年时都被哪吒这一段画面震动过，"割肉还父，剔骨还母"，这是比希腊神话里《俄狄浦斯王》（Oedipus the King）的"杀父娶母"更彻底而绝望的肉身悲剧。

哪吒没有了肉身，解脱了一切与父母的联系，让自己成为彻底纯粹的孤独生命，一缕魂魄飘飘荡荡，行于虚空，中国人的肉身，或许从来不曾如此自由过，不曾如此真实而深沉地成为自我。

哪吒的师傅太乙真人，用莲花的梗与花叶，为哪吒造了新的"肉身"，与一切人世的肉体无关的"肉身"。

他有了神的肉身，可以手持火尖枪，身背乾坤圈，腰裹混天绫，脚踏风火轮，驰骋纵横于宇宙间，遍打不公不义。

上海美术电影制片的经典动画《哪吒闹海》制作极佳，影片中取得新的"肉身"后，哪吒第一个用火尖枪挑战的对象就是龙王与自己的父亲。

潜藏在《哪吒闹海》里的"造反"与"革命"的精神，今天饱暖中的所谓"富二代"恐怕已经难以想象了吧。

台湾在七〇年代有作家奚淞改写《青少年哪吒》，蔡明亮之后拍摄了同名的电影。一直到今天，司机驾驶，人人一尊哪吒像，处处看到哪吒化身而成的狂飙青年，不服威权，不向世俗妥协，到了父母最后一关，或许还可以有哪吒绝望的告别——割肉还父，剔骨还母——这肉身供养在天地间，还有不枉生存的一缕纯粹的魂魄。

　　　　　　　　　　　　　　　　　　　　　　肉身供养

圣朱连
外传

法国的孩子都读这一寓言长大，他们或许知道最大的布施竟是肉身的布施，如同佛经所言："一切难舍，不过己身。"

中学时读过法国作家福楼拜的《包法利夫人》(Madame Bovary)，很受震撼，十九世纪欧洲许多人性觉醒的故事是通过肉体自身的觉悟逐渐形成。

肉身不关痛痒，文明价值的讨论，无论多么伟大，容易流于空洞虚夸。

比《包法利夫人》晚一点，英国作家劳伦斯(D. H. Lawrence)的《查泰莱夫人的情人》(Lady Chatterley & apos; s Lover)也大胆而真实地书写女性肉体巨大的渴望。在当时，这些都是离经叛道的书籍，被告上法庭，受舆论谩骂谴责，甚至作者死后三十年，作品出版还备受卫道人士发动媒体指责骚扰。

如今这两本书都已成为文学经典，是欧洲人性启蒙觉醒过程重要的一环。

《包法利夫人》情欲的书写是朦胧的，包装在许多文艺的向往中，"夫人"好像不安于室，"肉身"的渴望表现得没有那么露骨。《查泰莱夫人的情人》大胆直白，一个上层资产阶级的"夫人"，丈夫苍白没有生命力，肉体上无法满足她。她整天恍惚，一直到走进丛林深处，遇见正在洗浴的工人，看到劳动过的男性肉体，在赤裸洗浴中奋张的肌肉，在大自然中无所忌惮的肉体，充满欢悦的肉体，"夫人"从"子宫"里热起来，满眼都是泪水。

劳伦斯常谈"子宫"，很少夸夸而谈"心灵"。在一个心灵伪善的年代，"子宫"这个世俗中难以启齿的词汇，作家刻意要用来做心灵的革命吧。

劳伦斯的小说在我中学时代，还被台湾社会视为"色情"、"淫秽"，然而许多学生偷偷在读，也当"黄色"小说读，读到许多"性爱"细节，比看 A 片更面红耳热、心跳加快。

查泰莱夫人，也许负担了台湾那一年代许多青年性苦闷的共同秘密"爱人"的角色吧。

查泰莱夫人，她感觉着把她肉体撑开的阳具，感觉着子宫内部强烈的震颤，感觉到温热的精液泼洒在肉体里，她热泪盈眶，那个荒凉许多年的女性肉体，那个中世纪一千年间被禁锢的女性肉体，被精密的贞操带层层封锁的肉体，忽然被唤醒了，像绽放的花一般

　　　　　　　　　　　　　　　　　　　　　　　　肉身供养

一瓣一瓣打开。

欧洲的肉身觉醒，经由中产阶级的"夫人"，对自身肉体所做的真实功课，在法律之外，在道德之外，回到肉体本身的渴望，揭发了文明的虚伪、谎言，揭发了道德与法律的残暴，人性因此开始反省，福楼拜、劳伦斯，站在法庭，面对卫道舆论，他们都没有退缩，人性才有一点点新的进步。

一直到上个世纪六〇年代，劳伦斯已经去世近四十年，小说在美国的出版引发巨大争论。评论家探讨"没有心灵的肉身"会多么可怕，也有人回应"没有肉身的心灵"同样会多么可怕。"心灵"与"肉身"如何平衡互动，一部小说，使欧美文明做了深沉的功课。

华人的社会在明代已经有《金瓶梅》这样大胆探讨肉身处境的小说，清代初期《红楼梦》里对十几岁青少年的"肉身游戏"的描写（第九回），真实程度也毫不逊色于欧洲，然而面对强大政权主控的法律与道德，这些书籍虽然也被奉为"经典"，却在真实人性觉醒上没有在大众间产生影响力，现实社会依然是前启蒙的现象，我们许多"夫人"或"夫人的情人"的身体也还在荒凉中等待觉醒与开启吧。

欧洲文化中，基督教有肉身探讨的历史，从《旧约圣经》开始，亚当、夏娃的肉身就经过欲望、诱惑、犯罪、沉沦几个真实的阶段，从伊甸园被驱逐，经验流放，经验羞耻与救赎，做足了肉身的重要功课。因此即使在中世纪一千年，肉身受教会严厉禁锢，然而还是潜藏了肉身期待从禁锢中解放的基因。

福楼拜写过一个宗教预言，我一直印象深刻。这个故事叫"圣朱连外传"（The Legend of Saint Julian the Hospitalier），收在福楼拜《三个寓言》（Three Tales）的故事集中。圣朱连（St. Julian）是法国民间流传的宗教故事，朱连是年轻的信徒，信仰基督，也发愿要将一切财物依照基督的训示分享给穷人。

朱连有点像东方信仰的布施者吧，他常常把钱币施舍给穷人，把衣服分给寒冷受冻的人，把食物分给饥饿的人，小说初读时觉得是一个讲述善心人乐善好施的励志故事。

我印象深刻的部分在结尾——

肉身供养

一个寒冷冬天的夜晚，屋外狂风怒吼，大雪翻飞，温暖的屋内正在火炉前祈祷的朱连，听到叩门的声音。他打开门，一阵寒风吹得他发抖。他看见一名瘦得不成人形的老人倒在门前，朱连立刻扶他进到屋里，把自己的皮毛大衣披裹在老人身上。朱连发现老人身上长满烂疮，流出带恶臭的脓水。朱连忍住臭味，把老人搬移到屋内，让他靠近火，温暖一点。但是老人还是一直发抖，朱连一个晚上都在忙着照顾这老人，喂他吃热汤，喝水。老人还是不断叫着："冷啊！冷啊！"

　　冷得发抖，冷得牙齿打颤，似乎就要冻僵而死。

　　朱连着急，满足老人一次一次的要求，老人说："再暖一点。"朱连就脱去身上衣服让他穿。老人还说太冷，"可不可以睡你的床？"朱连就扶他上床去睡。睡在床上，老人还是冷，朱连就为他盖上自己的羽绒被子——

　　小说的最后很让我震惊，因为在冷颤中哆嗦的老人忽然说："要冷死了，赶紧用你的身体抱住我，用你的体温温暖我——"

　　骨瘦如柴的身体，长满烂疮的身体，流着脓血的身体，发出恶

　　　　　　　　　　　　　　　　　　　　　　　　圣朱连外传

臭的身体，朱连没有犹豫，脱去了身上最后衣服，用赤裸的肉身紧紧拥抱着老人，拥抱他的烂疮与脓血，拥抱那发着恶臭的身体。

法国民间流传的圣朱连故事，都相信那老人就是基督，来人间试探朱连的信仰。法国的孩子都读这一寓言长大，他们或许知道最大的布施竟是肉身的布施，如同佛经所言："一切难舍，不过己身。"

肉身可以如此供养吗？

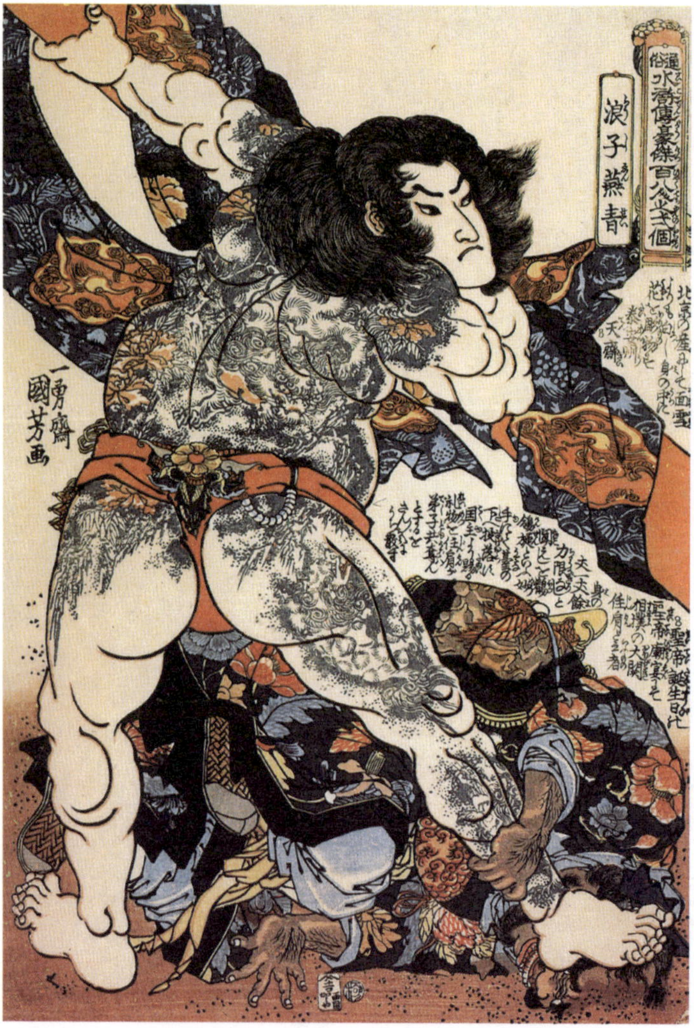
浪子燕青
一勇齋國芳画